Homo machinus

Nicolas Gutierrez C.

Homo machinus

Enquête sur l'avenir de l'homme augmenté par la machine

Vuibert

ISBN : 978-2-311-10340-3

Magnard-Vuibert
5, allée de la 2e D.-B., 75015 Paris
www.vuibert.fr

À mes grands-parents,
des jeunes de 100 ans qui n'ont pas attendu ce livre
pour vaincre le vieillissement.

Et à Simon, le premier cyborg de la famille.

Introduction

Décupler l'intelligence humaine avec la précision analytique des ordinateurs, renforcer notre capacité de travail grâce à la puissance de membres bioniques, libérer notre amour pour l'aventure avec des exosquelettes indestructibles, éradiquer à jamais la maladie et le vieillissement, et vivre éternellement ! « Purs fantasmes », diront certains. « Des rêves sur le point de se réaliser », répondront d'autres. Où en est-on en réalité ? Sommes-nous près de voir la fin de l'être humain tel qu'on le connaît… tel qu'il est depuis des dizaines de milliers d'années ?

« L'être humain a toujours essayé d'améliorer son environnement et sa qualité de vie. Et aujourd'hui on a la technologie nécessaire pour le faire à un tout autre niveau, s'enthousiasme Theodoros Papaioannou, ingénieur biomédical et directeur du département d'histoire de la médecine et d'éthique médicale à l'université d'Athènes. Il existe de nombreux exemples de ces technologies, comme les implants auditifs ou les membres artificiels, ainsi que des valves cardiaques qui aident le cœur défaillant, ou encore des stimulateurs neurologiques. La vie biologique est de plus en plus augmentée par la technologie. » Pour certains, ce constat met en évidence une trajectoire incontournable qui nous mènera, tôt ou tard, à l'humain augmenté, mi-homme, mi-machine, le rêve ultime du transhumanisme.

Ce mouvement culturel et intellectuel prévoit que les technologies de pointe, comme l'intelligence artificielle et les biotechnologies, vont permettre d'améliorer l'humain et de donner naissance à de nouvelles espèces plus avancées. Les seules qui seront capables de résister face aux machines intelligentes du futur. « Une partie essentielle du transhumanisme réside précisément dans le développement technologique qui entraînera une évolution de l'être humain », ajoute Theodoros Papaioannou, qui s'est déjà penché sur l'émergence de ce mouvement cherchant à fusionner l'humain et la machine[1].

Pourtant, le transhumanisme ne date pas d'hier. Il est même bien plus ancien que l'intelligence artificielle et les autres technologies qui sont censées nous emporter vers l'humain de demain. « Le mot *transhumanisme* date de 1937. Il a été créé par le polytechnicien et ingénieur français Jean Coutrot, qui écrivait déjà à l'époque sur l'avènement d'un “homme supérieur” grâce à l'apport de la science. Bien avant donc que le biologiste Julian Huxley (frère d'Aldous Huxley, auteur du *Meilleur des mondes*) ait utilisé ce terme en 1951, nous rappelle Alexandre Moatti, historien des sciences[2]. Puis, dans les années 1950 et 1960, ce mouvement s'est développé davantage, notamment grâce au biologiste Jean Rostand, qui croyait en l'amélioration de l'homme par l'homme, et à d'autres personnes qui vulgarisaient la science, mais étaient déconnectées de ses principales avancées. »

Selon l'historien, cet intérêt mal informé pour la science et la technologie a facilité la naissance de ces mirages futuristes, où la science s'imprégnait de science-fiction et où l'imagination devenait la seule vraie limite aux avancées technologiques. « Le transhumanisme est une forme de scientisme, une exaltation exagérée de la science et de ses progrès, poursuit-il. Il remplace la religion en mettant en avant la toute-puissance de l'humain, avec l'idée que rien ne doit arrêter le progrès humain ! Évidemment, les transhumanistes s'en défendent parce que la religion a mauvaise presse, mais il est indéniable que notre société manque d'espoir et que l'amélioration de l'humain est une source d'espoir. Cette nouvelle religion a pénétré dans la société, en partie grâce à la science-fiction. »

De fait, la science-fiction a joué un rôle fondamental dans l'évolution de ces fantasmes transhumanistes. *Star Wars, Terminator, Robocop, Matrix*... tous ces films ont modelé notre vision de l'avenir et du futur de l'humain. Les avancées technologiques des dernières décennies, comme les ordinateurs, les téléphones portables, le clonage et la thérapie génique, ont donné encore plus d'arguments à ces croyants, rendant ces utopies atteignables, et transformant certaines questions en certitudes : on ne se demande plus « Serait-ce possible un jour ? », mais « Quand y arriverons-nous ? ».

Ce n'est qu'une question de temps, l'amélioration de l'humain n'appartient plus au monde des rêves. Dans les esprits, l'humain augmenté existe déjà, quelque part dans le futur. « Ce mouvement transhumaniste a pris plus d'ampleur ces dernières années, car certains de ces fantasmes sont devenus réalités, comme la modification génétique des bébés », explique Alexandre Moatti. Cette nouvelle réalité aurait entraîné un discours beaucoup plus décomplexé, comme celui du médecin cofondateur du site Doctissimo Laurent Alexandre, prophète du transhumanisme, qui affirmait dans le magazine *GQ* en 2016 : « La science donnera à l'homme le pouvoir d'un dieu. L'homme va réussir à tuer la mort et à remodeler l'univers[3]. » Rien que ça !

« C'est du darwinisme culturel : maintenant que l'évolution biologique de l'humain semble avoir atteint ses limites, c'est la technologie qui nous permettrait de continuer à évoluer, décrypte l'historien des sciences. Un mélange de darwinisme et d'idéologie politique et culturelle, car cette exacerbation est venue avec une poussée de néolibéralisme mondialisé, qui n'hésite pas à s'appuyer sur le transhumanisme pour justifier la différence entre les humains. » Pour Moatti, le boom des idées transhumanistes observé au XXIe siècle est intrinsèquement lié au système politique et économique de plus en plus inégalitaire, dans lequel ces idées permettent de légitimer l'état du monde actuel, où des êtres supérieurs exploitent des êtres inférieurs. « Le fait qu'on trouve parmi des patrons de GAFA (les géants de la technologie Google, Amazon, Facebook et Apple) des gens intéressés par le transhumanisme n'est pas un hasard ! »

Les deux exemples les plus connus sont probablement Ray Kurzweil, directeur de l'ingénierie chez Google, qui écrivait déjà en 1990 sur « l'ère des machines intelligentes[4] », avec la certitude que l'intelligence artificielle deviendrait autonome et bien plus puissante que l'esprit humain. Et évidemment Elon Musk, qui a déjà commencé à écrire l'histoire du futur grâce à sa compagnie de fusées spatiales SpaceX et ambitionne d'unifier l'être humain et l'intelligence artificielle avec son implant neurologique, Neuralink. Il développe ainsi un nouveau modèle de milliardaire américain, une nouvelle sorte de société à deux vitesses. « Pour Musk, il y a ceux qui auront l'intelligence artificielle et ceux qui ne l'auront pas, souligne Moatti. C'est une forme de libéralisme décomplexé, quelque chose que certains imaginaient déjà bien avant, mais que la Silicon Valley commence à réaliser. »

Pourtant, les prophètes de l'humain augmenté assurent tout le contraire. Leur seul but est d'améliorer la qualité de vie des hommes et d'œuvrer au développement de sociétés plus justes et plus pacifiques. Ou encore, de sauver l'humanité de son anéantissement, notamment face à la menace des machines intelligentes. « Tout discours a un contre-discours, c'est pourquoi ils disent que leur projet peut apporter une plus grande égalité ou une société plus pacifique, plus apaisée, tempère l'historien des sciences. Mais évidemment c'est une utopie, comme celle imaginée par Aldous Huxley dans *Le Meilleur des mondes*, avec un ordre social régi par des castes où tout le monde est content de sa place. »

Indépendamment du but réel de ces recherches, il est indéniable qu'elles existent et que la technologie continuera d'avancer à grands pas. « On peut déjà améliorer notre corps avec des dispositifs technologiques ou des modifications génétiques, il est donc prévisible que nous pourrons le faire bien plus intensément dans le futur proche. Nous avons augmenté considérablement notre espérance de vie grâce aux médicaments et aux vaccins. Il serait logique qu'on parvienne à vivre encore plus longtemps grâce aux nouvelles technologies », prévoit avec optimisme Theodoros Papaioannou.

Mais jusqu'où irons-nous ? Nous contenterons-nous de réparer le corps humain pour permettre une meilleure qualité de vie et une plus longue espérance de vie pour ceux déjà sur Terre ? Ou tenterons-nous d'améliorer nos capacités physiques et cognitives jusqu'à l'éclosion d'un nouvel être humain, *Homo machinus* ?

Devons-nous avoir peur ? Encore faut-il savoir ce que l'on pourra réellement faire dans le futur proche, car la science et la science-fiction sont encore trop emmêlées dans nos esprits. C'est ce que propose cet ouvrage : faire le tour de la question en compagnie de chercheurs et d'experts internationaux, décrypter l'état actuel des avancées scientifiques dans les domaines qui réveillent nos fantasmes transhumanistes, explorer les possibilités réelles de ces technologies à court et à moyen terme, ainsi que les questionnements éthiques qu'elles soulèvent, pour en estimer au mieux les espoirs, les risques et les dangers. Bienvenue dans le futur !

Première partie

Améliorer nos capacités physiques et cognitives

Demain, tous cyborgs ?

Robocop, Iron Man, Terminator… qui n'a jamais rêvé d'être un de ces cyborgs, mi-humains, mi-machines ? Enfant, j'imaginais que j'avais des jambes à rallonge comme l'inspecteur Gadget, un canon laser à la place du bras gauche comme Astroboy, ou encore des yeux surpuissants pour voir à des kilomètres. Hélas, je suis resté le plus petit de ma classe, je n'arrive toujours pas à lancer correctement une balle avec mon bras gauche et j'ai du mal à reconnaître un visage à plus de deux mètres sans mes lunettes. Mais d'autres ont franchi le pas et la planète commence, petit à petit, à se remplir de cyborgs – même s'ils ne ressemblent pas forcément à ce qu'on pourrait imaginer…

Plus iPhone que Robocop

C'est le cas de Neil Harbisson, la première personne légalement reconnue comme un cyborg. Son chemin vers l'humain augmenté a commencé par un projet à l'université : « Dans le cadre d'un projet artistique, je devais créer un nouvel instrument musical, et ça m'a tellement plu que j'ai décidé de me l'implanter », se souvient-il. Sa création était une antenne qui transformait les couleurs en fréquences sonores, faisant vibrer les os de son crâne jusqu'à stimuler son oreille interne, lui permettant ainsi d'entendre la couleur, lui qui était né achromate (atteint d'achromatopsie, une maladie du système visuel qui se manifeste par une absence totale de vision des couleurs). Ainsi, pour la première fois de sa vie, il a pu « voir » les couleurs, mais d'une façon dont personne d'autre ne peut le faire. « Ça n'a toujours été qu'un projet artistique, je ne l'ai pas fait pour réparer ma condition parce que je n'ai jamais vu l'achromatopsie comme un handicap, précise-t-il. Ce n'est pas une amélioration ou une augmentation de quelque chose, mais l'addition d'un nouveau sens que personne d'autre ne possède. Une nouvelle façon de percevoir la réalité, parce que c'est ça, le but de l'art : nous montrer une autre vision du monde. » Une version du cyborg très différente de celle répandue par la science-fiction.

Pourtant, la première définition du cyborg (« organisme cybernétique ») était bien plus proche de Neil que de Robocop ! Ce terme a été utilisé pour la première fois en 1960 – quarante-quatre ans avant que Neil implante son antenne dans son crâne en 2004 – dans un article paru dans la revue scientifique *Astronautics*[1]. Les chercheurs Manfred Clynes et Nathan Kline y proposaient de créer des appareils cybernétiques qui permettraient aux humains du futur de s'acclimater à la vie dans l'espace, en prenant en charge les tâches pouvant être effectuées de façon automatique et inconsciente. Ainsi, l'humain serait libéré de ces corvées et pourrait être libre pour explorer et créer. Comme Neil, l'Autrichien Manfred Clynes était pianiste avant de devenir chercheur, obtenant un master au prestigieux conservatoire Juilliard, à New York. Et pour lui, le but ultime du cyborg n'était pas de rendre l'humain plus fort ou plus intelligent, mais tout simplement plus libre pour profiter de l'expérience humaine, sur Terre ou dans l'espace.

Neil n'a fait que modifier un peu cette définition, en utilisant sa partie cybernétique pour enrichir son expérience humaine et sublimer sa créativité. « Notre connaissance du monde vient de nos sens, si nous les étendons, nous étendons aussi nos connaissances ! s'enthousiasme-t-il. Au début, je ne percevais que 25 couleurs grâce à ce nouveau sens, mais maintenant je perçois les 360 couleurs visibles à l'œil nu, plus l'ultraviolet et l'infrarouge. Mon cerveau s'est tellement habitué à les entendre que j'ai commencé à rêver en couleurs. C'est à ce moment-là, quand le logiciel de mon antenne s'est fondu avec mon esprit, que je me suis senti cyborg. Mon antenne n'était plus un appareil, mais un organe de mon corps. » Depuis, Neil réalise des portraits de personnalités telles que Robert De Niro ou Al Gore, représentés comme les couleurs qu'il entend en regardant leurs visages de près. Et non seulement il entend les couleurs, mais il voit aussi les sons : « Quand j'ai commencé à entendre des couleurs, je me suis rendu compte que je les percevais aussi en écoutant des sons de tous les jours, comme le téléphone, qui sonne comme la couleur verte. » Un effet secondaire étonnant qui lui a permis de mettre en couleur des œuvres de Mozart ou des discours de Martin Luther King.

Pour Neil, son antenne est un nouvel organe, qui a d'ailleurs été reconnu comme tel par l'administration britannique ! En 2004, lorsqu'il a dû faire son passeport, sa photo a été refusée à cause de son antenne (car on ne doit rien porter pour ces photos, pas même des lunettes). Mais il a tellement insisté que le bureau chargé des passeports a fini par accepter sa photo et consentir qu'en effet cette antenne soit considérée comme une partie du corps du citoyen britannique Neil Harbisson, autant que ses yeux ou ses oreilles. Depuis, il ne s'en est jamais séparé, sauf pendant quelques heures en 2011, quand un policier l'a détruite en la prenant pour une caméra : « C'était la première fois de ma vie que je perdais un sens, c'était horrible ! Je suis né sans voir les couleurs, donc ce n'est pas quelque chose que j'avais perdu. Mais quand l'antenne a été détruite et que je n'ai plus entendu les couleurs… Ça a été beaucoup plus dur que je ne l'aurais imaginé. Je crois que je n'avais jamais réalisé qu'elle pouvait être endommagée et que je pouvais perdre ce sens aussi facilement. Heureusement, il s'agit de technologie, quelque chose qu'on peut réparer beaucoup plus aisément qu'un organe biologique, donc au bout de quelques heures j'avais déjà récupéré mon sens. »

Autre avantage d'un organe artificiel... on peut continuer à l'améliorer ! Aujourd'hui, l'antenne de Neil ne se contente plus de capter les fréquences des couleurs pour les convertir en sons, elle reçoit aussi des appels téléphoniques et elle est même connectée à Internet : « Il y a quelques personnes qui ont accès à mon système et peuvent m'envoyer des sons, et s'ils les envoient la nuit, pendant que je dors, ils peuvent même colorier mes rêves, rit-il. Comme on peut également m'envoyer des mots, les gens qui ne me connaissent pas pourraient imaginer que je sais faire de la télépathie ! » En plus de l'antenne, Neil s'est implanté d'autres organes artificiels, comme une boussole dans son genou (qui lui indique le nord magnétique constamment) ou une dent qui lui permet de communiquer en code morse avec son amie Moon Ribas, une autre cyborg possédant quelques sens surprenants, dont la capacité de ressentir les tremblements de terre grâce à un senseur implanté dans son coude, qui vibre à chaque mouvement sismique n'importe où sur la planète.

Comme eux, plusieurs autres personnes ont fait le choix de devenir cyborgs. Pour les aider et les guider dans ce processus, Neil et Moon ont créé la Cyborg Foundation[2], une organisation sans but lucratif qui soutient la recherche autour de la création de technologies permettant d'acquérir de nouveaux sens. « Les gens nous contactent avec une idée et nous les aidons à la concrétiser. Nous avons réfléchi à tellement de possibilités et développé tant de prototypes qu'il est probable que nous ayons déjà un *exosens* (un prototype que l'on peut essayer avant l'implantation) correspondant à ce qu'ils ont imaginé. Après, si cela leur plaît, nous pouvons l'améliorer et les orienter vers un chirurgien capable de procéder à l'implantation. » Toutefois, ces types d'implantations sont souvent illégaux : « Mais on peut toujours trouver un docteur prêt à les faire de façon clandestine : comme les chirurgies de changement de sexe par le passé, il y aura toujours des médecins convaincus du fait que chacun a le droit de décider quoi faire de son corps, si ce choix ne nuit à personne. »

Pour protéger ces nouveaux humains augmentés, ils ont aussi créé une Déclaration des droits des cyborgs, qui stipule que ces organes ne relèvent pas simplement de la propriété privée, mais doivent être considérés comme faisant partie intégrante du corps du porteur : « Si on détruit ton organe, comme ce policier l'a fait avec mon antenne en 2011, on n'est pas en train de détruire ta propriété, on attaque ton corps ! »

Certains de ces objets cybernétiques peuvent être connectés à Internet (comme son antenne), donc, par définition, piratés. Pour ces cas précis, un deuxième droit déclare que chaque personne est libre de décider qui a accès à son corps à travers ces nouveaux organes. Et qui dit droits, dit devoirs. Les deux règles de base de leur organisation sont que ces nouveaux organes ne doivent porter préjudice à quiconque, et que la personne doit l'implanter sur elle-même, pas sur un animal ni même sur une plante : « C'est pour ça que je ne suis pas du tout d'accord avec ce qu'Elon Musk a fait pour tester sa puce Neuralink (qu'il a implantée dans le cerveau de cochons pour créer une interface avec des ordinateurs en août 2020). Il aurait dû le faire sur lui-même ! »

Pour ces pionniers de la fusion humain-machine, les cyborgs du futur seront plus proches de l'iPhone que de Robocop : « Dans ce siècle, de plus en plus de personnes intégreront de la technologie dans leurs corps et on commencera à créer des apps pour notre corps, comme on le fait aujourd'hui pour nos téléphones, prédit-il. Je crois que le but ne devrait pas être d'essayer d'imiter ou d'améliorer ce qu'on a déjà, mais plutôt de créer de nouvelles utilisations, de nouveaux sens par exemple, pour répondre aux besoins de chacun. Chaque personne doit pouvoir décider de ce qu'elle veut additionner à son corps. Il nous suffit de regarder la nature et les autres espèces pour avoir plein de bonnes idées sur ce qu'on pourrait créer pour enrichir notre expérience et nos connaissances ! »

Dans ce catalogue presque infini d'additions potentielles, qu'est-ce qui vous tenterait le plus, la vue nocturne des chouettes ou l'écholocalisation des chauves-souris ?

Un écho du futur

La plupart des implants cybernétiques installés aujourd'hui ne cherchent pas à créer un nouveau sens, mais à en réparer un déjà existant, principalement la vue et l'ouïe.

Les plus répandus sont les *implants cochléaires*, utilisés pour reconstituer le sens de l'ouïe chez les malentendants. Ces appareils comportent une pièce extérieure avec une batterie et des microphones qui captent les sons et les transmettent par radiofréquence vers une pièce interne. Celle-ci les convertit en signaux électriques qui vont ensuite stimuler l'oreille interne grâce à une électrode insérée dans la cochlée (cavité osseuse en forme de spirale, qui transforme les vibrations sonores en signaux électriques et les envoie au cerveau). L'électrode stimule différentes régions de la cochlée (spécifiques pour différentes fréquences sonores), permettant de retrouver une ouïe fonctionnelle, notamment de reconnaître la parole[3].

Les implants cochléaires ont été créés par accident en 1957 par les médecins français André Djourno et Charles Eyriès, alors qu'ils essayaient de soigner la paralysie faciale d'un homme sourd en lui implantant des électrodes sur les nerfs faciaux. Dans le processus, et sans le vouloir, ils ont implanté une de ces électrodes dans l'oreille interne du patient, lui redonnant un semblant d'ouïe. Cette nouvelle technique a ensuite été améliorée par les otologues américains William House et John Doyle à partir de 1961[4], et a été commercialisée à partir de 1985. Cette technologie a déjà redonné l'audition à des centaines de milliers de personnes malentendantes (un total de 324 000 personnes dans le monde en décembre 2012, selon l'Institut américain de la surdité). Mais après soixante ans de développement, ces implants ne parviennent toujours pas à recréer entièrement le sens de l'ouïe. Selon une étude de la clinique américaine Mayo, la reconnaissance des mots passe d'environ 8 % à 58 % avec l'implant, et celle des phrases de 7 % à 75 %[5].

Chez les personnes malentendantes, cette technologie ne fait pas l'unanimité. Non pas pour ses résultats – spectaculaires pour une personne à l'ouïe très faible –, mais précisément parce que ces implants peuvent changer leur vie, notamment leur identité. Les malentendants ont en effet leur propre culture et leur propre langue (la langue des signes, souvent spécifique à chaque pays), et une grande partie d'entre eux ne voient pas leur condition comme un handicap qu'il faudrait absolument réparer. Au contraire, certains considèrent que les implants cochléaires vont à l'encontre de leur culture et causent plus de mal que de bien, notamment chez l'enfant. En grandissant avec un implant, il se détournerait de l'enseignement de la langue des signes et s'éloignerait ainsi des autres malentendants[6]. Éduqué oralement (de la façon « normale »), entouré d'enfants entendants, il n'aurait toutefois jamais les mêmes capacités auditives que ses camarades, du fait des limites technologiques actuelles. Pour les détracteurs des implants cochléaires, c'est à ce moment-là que ces enfants deviennent vraiment « handicapés » par rapport à leur entourage, alors que sans appareillage, entourés d'autres personnes malentendantes, ils auraient été considérés comme « normaux », développant une meilleure estime d'eux-mêmes[7].

Ce point de vue nous ramène à l'une des règles de base de Neil Harbisson : chacun doit pouvoir décider de son corps et des implants qu'il souhaite y ajouter. Les enfants devraient-ils pouvoir choisir ? Pourraient-ils faire ce choix ? Si une technologie permet de réparer une partie de notre corps, devrions-nous l'utiliser par défaut pour atteindre une « normalité » ?

Qu'en est-il des personnes avec une ouïe déjà fonctionnelle, cette technologie pourrait-elle augmenter leurs capacités auditives ? Pourrait-on offrir à tout un chacun la possibilité d'entendre les ultrasons comme les chauves-souris ? Aujourd'hui, cela paraît peu probable, car l'insertion de l'électrode dans la cavité de la cochlée a pour conséquence la perte des capacités auditives précédant la chirurgie. Des versions modifiées de ces implants ont été testées, avec des électrodes plus courtes qui n'atteignent pas le bout de la cochlée. Cela a permis à 66 % des patients implantés de garder intacte la capacité auditive pour les fréquences basses (moins de 1 000 Hz) – mais n'empêche en rien la destruction de la capacité préopératoire d'entendre les fréquences plus élevées. C'est pourquoi cette technique n'est proposée qu'à des personnes présentant déjà une perte importante d'ouïe des fréquences moyennes et hautes[8].

Bien que des efforts soient actuellement fournis pour diminuer les dommages causés par l'insertion de l'électrode, il semble peu probable, du moins à court terme, de pouvoir utiliser cette technique pour améliorer les capacités auditives des personnes dont l'ouïe est déjà fonctionnelle.

Qu'en est-il des autres sens ? Serait-il plus simple d'améliorer notre vue et d'acquérir la vision à très haute résolution des aigles ?

Un aperçu de l'avenir

La recherche autour des implants visuels a commencé bien avant celle des implants auditifs. Le pionnier de cette technologie est Otfrid Foerster, neurochirurgien allemand qui en 1929 a stimulé électriquement la région occipitale du cerveau d'un patient[9]. Avec ce stimulus électrique, le patient déclara voir des points de lumière en face de lui. Mais depuis cette première expérience, on n'a pas vraiment dépassé cette phase. « Ces points de lumière s'appellent *phosphènes*, une perception visuelle relativement primitive que nous gardons encore et que nous voyons quand, par exemple, nous exerçons une pression sur notre œil, nous explique Pieter Roelfsema, neuroscientifique et directeur du département de vision et cognition de l'Institut néerlandais de neurosciences. Cette pression stimule les neurones visuels sans qu'il y ait de vraies stimulations visuelles, générant des images semblables à des disques de lumière. »

Actuellement, plusieurs approches pour générer ces phosphènes sont en développement, stimulant soit directement le cortex visuel, soit la rétine ou le nerf optique. Comme les implants auditifs, les implants visuels sont constitués de deux parties : une partie extérieure qui capte le stimulus visuel (une caméra) et le transforme en une image pixélisée (en fonction du nombre de pixels/électrodes de chaque technique) pour l'envoyer sous forme d'ondes radioélectriques vers la partie interne ; celle-ci transforme ces ondes en signaux électriques pour ensuite stimuler les neurones visuels grâce à des électrodes, faisant « voir » au sujet une version en très basse définition (en noir et blanc et en deux dimensions) de l'image captée par la caméra.

L'approche la plus répandue aujourd'hui est la *prothèse rétinienne*, comme l'Argus II[10] développé par Second Sight Medical Products Inc, le premier implant visuel commercialisé (validé par l'Union européenne en 2011). Grâce à 60 électrodes en platine, il permet à ses utilisateurs d'apercevoir des formes basiques, comme des objets ou des lettres, donnant aux personnes sans aucune vision fonctionnelle la capacité de reconnaître des objets et de se mouvoir sans les heurter. Mais la résolution (60 pixels) est beaucoup trop faible pour s'approcher d'une vision standard (chaque œil compte environ un million de neurones visuels, donnant une vision équivalente à environ un million de pixels). De plus, à cause de la taille de la rétine, il est difficile, avec la technologie actuelle, d'augmenter ce nombre d'électrodes de manière significative.

Pour contourner ce problème technique, les électrodes peuvent être implantées directement dans le cortex visuel du cerveau, d'une surface bien plus grande que la rétine. Et c'est précisément le docteur Pieter Roelfsema qui en a fait la démonstration la plus impressionnante, avec un implant visuel qui stimule directement le cerveau à l'aide de 1 024 électrodes de 1,5 millimètre de long (étude publiée dans le journal *Science* le 4 décembre 2020)[11]. « Dans le passé, les électrodes étaient positionnées sur la surface du cerveau et activaient plusieurs millimètres du cortex, générant des phosphènes très larges et diminuant la résolution produite. Nous avons choisi d'implanter les électrodes à l'intérieur du cortex pour créer des stimulations plus fines et ainsi améliorer la résolution. »

Ces électrodes ont d'abord été implantées dans le cortex visuel de deux singes, dans deux zones précises, V1 et V4 : « La région V1 est la première à être stimulée quand nous voyons quelque chose et elle réalise une cartographie systématique de ce que nous voyons. La stimulation passe ensuite par les autres zones, jusqu'à atteindre V4, et nous savons que si une stimulation visuelle n'atteint pas V4 elle ne sera probablement pas traitée par notre cerveau », détaille le docteur Roelfsema. Le chercheur et son équipe ont utilisé cette connaissance pour tester leur implant : ils stimulaient la région V1 et lisaient la région V4 pour vérifier si leur stimulation avait été prise en compte ou non. « C'est beaucoup plus rapide que de régler chacune des électrodes en demandant au sujet s'il voit quelque chose après chaque stimulation ! »

Ainsi, les chercheurs ont réussi à faire « voir » aux singes des groupes de phosphènes formant des lettres (T ou L), que les singes identifiaient correctement. Avant l'implantation des électrodes, ils avaient été entraînés pour reconnaître ces lettres sur un écran et ensuite mouvoir leur regard en conséquence (vers le haut pour le T, vers le bas pour le L). Pendant le test, les singes regardaient l'écran éteint, mais réagissaient comme s'il était allumé et leur montrait la lettre en question. « J'espère que dans trois ans nous pourrons le tester chez des personnes aveugles. Mais à terme, il faudrait beaucoup plus d'électrodes pour couvrir une bonne partie du cortex visuel, qui fait environ 25 cm^2 par hémisphère chez l'humain. Si on pouvait arriver à un million d'électrodes, on pourrait imiter la vision normale. »

Le nombre d'électrodes n'est pas le seul problème à résoudre, il y a aussi l'impact qu'ils ont sur le tissu cérébral : « Les électrodes actuelles ont une durée de vie d'environ un an seulement, parce qu'avec le temps il y a une accumulation de tissu fibreux autour d'elles, diminuant leurs performances, révèle-t-il. C'est probablement à cause du décalage qu'il y a entre la rigidité de l'électrode (faite de silicone) et la souplesse du tissu cérébral, ce qui entraîne une friction constante. » Car le cerveau, comme le reste du corps, bouge constamment (des micromouvements dus au pouls cardiaque, par exemple) alors que l'électrode est statique, créant un frottement et une réponse inflammatoire du tissu l'entourant. De plus, l'insertion des électrodes cause des microhémorragies, entraînant une accumulation de cellules sanguines et de protéines du plasma sanguin autour de l'appareil. Avec le temps, cela ne serait qu'aggravé par la friction et l'inflammation chronique causées par l'électrode. Donc, pour que cette technologie puisse être vraiment utilisée pour reproduire notre vision, il sera nécessaire de trouver un matériau qui permette de concevoir des électrodes plus fines (pour en placer plus) et plus souples (pour éviter la friction et la formation de tissu fibreux autour).

Même si les chercheurs parviennent à produire ce matériau révolutionnaire, il restera encore quelques obstacles à surmonter. Pour le moment, les implants visuels se contentent d'essayer d'imiter le rôle transmetteur de la rétine, qui transforme les images en signaux électriques pour stimuler notre cerveau. Mais cela ne prend pas en compte toute la complexité du système visuel, telle la fonction de focalisation accomplie par le cristallin dans l'œil, qui modifie sa courbure pour permettre à la vue de se concentrer sur un objet précis. Imiter cette fonction nécessiterait que le cerveau puisse envoyer des signaux à la caméra pour lui dire où faire cette focalisation. Cependant, le docteur Roelfsema reste optimiste : « Ma prédiction est que la technologie va s'améliorer, peut-être en trouvant de meilleures façons de stimuler le cerveau qu'avec de l'électricité. Les interfaces cerveau-ordinateur vont continuer de progresser dans le futur et pourraient rendre plus puissants ces implants visuels. Et il se peut bien que dans cinquante ans, les personnes sans ces implants soient envieuses des personnes aveugles qui les auraient ! »

En attendant ces avancées hypothétiques, serait-il possible d'utiliser cette technologie à plus court terme, non pas pour redonner la vision aux personnes aveugles, mais pour perfectionner une vue déjà fonctionnelle ? Par exemple en utilisant les phosphènes pour envoyer des informations écrites au cerveau, comme des Google Glasses qui écriraient sous la peinture que nous regardons son titre et sa date de réalisation ? « La stimulation créant le phosphène va sûrement remplacer la stimulation visuelle correspondant à ce point dans l'espace. Ces deux stimuli vont se concurrencer et solliciter les mêmes neurones, donc il est peu probable que nous puissions construire par-dessus notre propre vision », nous décourage-t-il.

Nous ne réussirons pas tout de suite, semble-t-il, à améliorer nos sens, à moins d'en créer de nouveaux, comme Neil Harbisson et Moon Ribas. Quid alors du reste du corps ? Pourrons-nous ressembler à Robocop ou à Iron Man dans un futur proche ?

Le chercheur cyborg

Bien avant Neil Harbisson, quelqu'un d'autre s'était déjà aventuré dans le monde des cyborgs, le professeur Kevin Warwick. Le 24 août 1998, ce spécialiste en cybernétique à l'université de Reading (au Royaume-Uni) s'est fait implanter une puce de la taille d'une pièce de monnaie dans son avant-bras. Cet implant était un identificateur qui envoyait un signal par radiofréquence pouvant être reconnu par des appareils près de son bras (comme les cartes bleues qui permettent de payer sans contact ou les puces pour identifier les chiens et les chats domestiques). Cette première expérience lui a permis d'interagir avec le bâtiment du département de cybernétique de l'université, dont les portes s'ouvraient automatiquement et les lumières s'allumaient à son approche, en détectant la puce. « On sera tous des cyborgs dans le futur, qu'on le veuille ou non ! lance-t-il. Et ce sera quelque chose de normal : quand j'avais cet implant, je ne me disais pas que les portes s'ouvraient pour lui, elles s'ouvraient pour moi.

Les implants deviennent une partie de soi-même, ce n'est pas comme des lunettes, ils font partie de notre corps. »

Mais Kevin Warwick est principalement connu pour sa deuxième expérience, quatre ans après. Le 14 mars 2002, une équipe de chirurgiens a installé un implant avec 100 électrodes directement dans les fibres nerveuses du nerf médian de son bras gauche[12]. Cet implant nommé BrainGate lui a permis de démontrer le potentiel des implants cybernétiques grâce à trois expériences majeures.

D'abord, l'implant a été connecté à un émetteur/détecteur d'ultrasons, qui fonctionnait comme le sonar des chauves-souris, envoyant des signaux au bras du professeur Warwick lorsqu'un objet s'approchait ou s'éloignait. Puis, l'implant a été connecté à Internet et lui a permis de contrôler à distance, depuis l'université de Columbia à New York, un bras robotique qui se trouvait à Reading, au Royaume-Uni. Ainsi, lorsqu'il ouvrait sa main, la main robotique située à plus de 5 000 kilomètres s'ouvrait aussi. Et quand cette main agrippait quelque chose, Kevin Warwick ressentait ce contact et même la force avec laquelle elle le faisait. « Ça montre que ton cerveau peut être à un endroit, alors que ton corps peut être n'importe où ailleurs ! » s'exclamait-il lors d'un TedX à Prague en 2018.

Pour finir, il a réussi à se connecter directement au système nerveux d'une autre personne : sa femme, à qui l'on a implanté deux électrodes dans l'avant-bras. Quand elle ouvrait ou fermait sa main, le système nerveux de son mari le sentait, montrant que cet implant permettait bien d'envoyer des signaux (pour mouvoir un bras mécanique, par exemple), mais aussi d'en recevoir, comme nos propres membres qui se connectent à notre cerveau d'une façon bidirectionnelle. « Ça a été la première fois dans l'histoire que deux systèmes nerveux ont pu communiquer directement ! Dans le futur, on pourra faire cela avec nos cerveaux, la parole orale deviendra quelque chose du passé », achevait-il dans cette même présentation à Prague. Une idée qu'il martèle depuis ses débuts, mais qui tarde à devenir réalité, à cause, selon lui, d'un manque d'intérêt des chercheurs : « Je ne pense pas que le problème soit la technologie, nous avons déjà la technologie nécessaire. Tout ce qui manque ce sont des gens qui s'y intéressent et qui osent devenir des cyborgs eux-mêmes », regrettait-il déjà en 2011, lors d'une autre présentation TedX.

Toutefois, quelques-uns de ses étudiants se sont montrés aussi téméraires que lui en testant des implants sur eux-mêmes. Mais pas forcément pour montrer les possibilités des implants, mais plutôt pour mettre en évidence leurs faiblesses. C'est le cas de son ancien doctorant Mark Gasson, qui l'avait assisté pour les expériences avec BrainGate. En 2009, il s'est implanté une puce similaire à celle utilisée par Kevin Warwick en 1998, qui peut être reconnue par radiofréquence par un appareil « lecteur » (comme les capteurs des lumières et des portes du bâtiment de cybernétique de l'université de Reading), mais qui, en plus, pouvait stocker un peu d'informations (2 048 bits). Il a réussi à l'infecter avec un virus informatique (devenant du coup la première personne au monde à être infectée par un virus informatique), qui par la suite a infecté toutes les autres puces entrant en contact avec cet appareil lecteur[13] – montrant ainsi l'importance de se pencher sur la sécurité cybernétique des implants chez les futurs cyborgs. Neil Harbisson serait bien d'accord, vu que son antenne connectée à Internet a déjà été hackée.

Depuis, les recherches sur ce sujet sont presque restées au point mort, tout comme celles concernant la communication cerveau à cerveau. Kevin Warwick, interrogé pour un article paru dans le magazine *Sciences et Avenir* en 2020, le regrette : « On a beaucoup avancé pour tout ce qui est thérapie, mais pas pour l'augmentation de l'être humain, alors que c'est ça qui serait excitant. Je crois qu'on pourrait le faire, mais personne n'y travaille sérieusement pour le moment. Et, étant réaliste, je crois qu'il est peu probable que cela change dans un futur proche, c'est tellement décevant ! C'est une question d'approche. Pour certains chercheurs, il faut avancer petit à petit et bien connaître la théorie avant d'essayer quoi que ce soit. Alors que pour d'autres, il est important d'expérimenter, même si on ne sait pas tout encore. Ces deux approches sont nécessaires pour avancer, mais l'une d'entre elles est clairement délaissée actuellement. La théorie elle-même ne progresse pas très vite, parce que le cerveau est extrêmement compliqué : plus on le connaît, moins on le comprend. Et si la théorie n'avance pas, la pratique n'avancera pas non plus[14]. »

Le bras de fer entre membres humains et membres bioniques

De fait, le professeur Warwick a partiellement raison : il y a eu des avancées considérables mais elles ont principalement été réalisées dans un but thérapeutique. Aujourd'hui, des technologies comme l'impression 3D permettent même de produire des prothèses chez soi !

La première main imprimée en 3D date de 2012, quand le menuisier sud-africain Richard Van As a perdu la motilité des doigts de sa main droite lors d'un accident domestique. Ivan Owen, un marionnettiste américain qui travaillait alors sur une marionnette pouvant bouger ses doigts, et lui ont designé une main artificielle imprimable et ont mis en ligne le dessin de leur création, permettant à des centaines de personnes d'imprimer ces mains bioniques chez elles (pour le prix de 150 dollars)[15]. Depuis, ces bras imprimés sont devenus personnalisables selon les besoins et envies de chaque utilisateur[16], et plusieurs entreprises utilisent désormais cette technologie pour produire des bras bioniques à des prix abordables.

Une de ses compagnies est Open Bionics, créatrice du Hero Arm[17]. Ce bras bionique est spécialement conçu pour les enfants, avec une esthétique qui imite les bras d'Iron Man ou d'autres personnages de fiction. Il existe même une publicité avec Mark Hamill, interprète de Luke Skywalker (qui, dans *Star Wars*, perd son bras droit en luttant contre Dark Vador et le remplace ensuite par un bras mécanique). Le Hero Arm fonctionne par électromyographie : des électrodes à la base du bras artificiel détectent les mouvements des muscles de l'avant-bras de la personne, permettant de contrôler ceux de la main mécanique avec la pensée. Lorsque la personne pense à tourner son poignet vers l'extérieur (comme pour porter un plateau), les muscles nécessaires à ce mouvement s'activent, envoyant un signal aux capteurs qui le transforment pour permettre à la main mécanique d'ouvrir ses doigts, et si la personne pense à plier le poignet vers l'intérieur, les doigts se ferment et permettent d'agripper des objets. La force de cette prise est contrôlée par l'utilisateur, car elle est proportionnelle à la force exercée par les muscles. Le pouce peut bouger pour adapter la prise et le poignet peut pivoter manuellement à 180 degrés (comme nos mains biologiques).

La plupart des prothèses actuelles fonctionnent avec des électrodes de surface (en contact avec la peau), car elles sont faciles à utiliser : le porteur doit juste apprendre à associer quelques mouvements simples (comme ouvrir ou fermer le poignet) avec les mouvements de la main bionique (ouvrir et fermer les doigts). Si cette association est relativement simple à effectuer quand il s'agit de mouvements basiques, elle devient vite beaucoup plus compliquée, limitant les capacités de ces bras artificiels.

D'autres techniques plus complexes redirigent les nerfs activant les muscles de la main (et qui n'ont donc plus de muscle cible chez quelqu'un n'ayant pas de main) vers d'autres muscles du bras. Ainsi, quand la personne pense à bouger ses doigts, ce sont d'autres muscles du bras qui s'activent et cette stimulation peut être captée par des électrodes de surface, qui ordonnent aux doigts du bras mécanique de bouger. Cette technique permet d'augmenter le nombre de mouvements possibles, les rendant aussi plus intuitifs pour l'utilisateur, mais les électrodes de surface perdent parfois le contact avec les muscles (à cause de la transpiration, du déplacement du bras mécanique, d'une inflammation de la zone de contact, etc.). C'est pourquoi les chercheurs travaillent à implanter ces électrodes directement sur les muscles ou sur les nerfs (comme l'implant de Kevin Warwick).

Cette dernière approche est plus délicate, car le risque est grand d'endommager le nerf en question, mais elle donne une plus grande sensibilité et permet de ressentir certaines stimulations (comme Kevin, qui ressentait quand sa femme bougeait son bras), pouvant même redonner le sens du toucher[18].

Aujourd'hui, le bras bionique le plus avancé utilise cette technologie, reposant sur une communication bidirectionnelle entre l'individu et le bras. Il s'agit du e-OPRA Implant System, construit par l'entreprise suédoise Integrum en collaboration avec l'université technologique de Chalmers (Suède), l'université de Göteborg (Suède), l'université médicale de Vienne (Autriche) et l'Institut de technologie du Massachusetts, le MIT (États-Unis)[19]. Il est directement intégré à l'humérus du patient (les cellules osseuses s'attachent à la base du bras mécanique), lui assurant une grande stabilité et lui donnant plus de force (car le poids est directement transféré à l'os). Des électrodes implantées sur les biceps et les triceps du patient lui permettent de contrôler les mouvements du bras et de la main, et des électrodes connectées au nerf ulnaire (ou cubital) et au nerf médian renvoient au cerveau des sensations du toucher issues de trois capteurs localisés sur le pouce de la main bionique.

Selon ses utilisateurs, qui peuvent par exemple faire du vélo grâce à lui, ce bras est très intuitif, bien qu'il soit encore loin de remplacer un vrai bras : « La reconstruction bionique est la dernière option, on l'utilise seulement chez des patients ayant perdu entièrement l'utilisation de leur main, précise Oskar Aszmann, spécialiste en chirurgie reconstructive des membres supérieurs à l'université médicale de Vienne, et un des créateurs de ce bras futuriste. Certains patients viennent avec des idées transhumanistes, cherchant à améliorer leur habileté par des membres bioniques, mais la vérité est que la reconstruction bionique permet juste au patient d'accomplir des actions très simples, comme prendre un objet ou ouvrir une porte. Ils ne pourront jamais jouer du piano ou se gratter le nez avec cette main. »

Contrairement au professeur Warwick, le docteur Aszmann ne mise pas sur l'avènement des cyborgs, car il juge que les implants *mécatroniques* (mélange de mécanique et d'électronique) ne seront jamais à la hauteur de notre biologie : « Les implants ne pourront jamais égaler le corps humain ! On a plus d'un million de récepteurs nerveux au bout de chaque doigt, nous donnant un niveau d'information sensorielle qu'il est tout simplement impossible d'imiter avec la technologie, du moins dans un futur proche, conclut-il.

Notre corps n'est tout simplement pas une addition de pièces, nous sommes des structures cellulaires, où tout est connecté. Et ces pièces artificielles ne font pas réellement partie de notre corps, ce sont des outils que nous utilisons, alors que notre corps, nous l'habitons. Cette différence doit être prise en compte psychologiquement. En somme, les bras bioniques sont de très bonnes options pour ceux qui n'ont pas d'autre option. »

Il semble qu'on ne soit pas encore près de voir des Robocop dans les rues. Et si au lieu de remplacer des parties de notre corps par des organes cybernétiques nous ajoutions ces organes à l'extérieur de notre corps ? Pourrions-nous ressembler à Iron Man ?

La France dit oui à Iron Man

Le 12 juin 2014, le Brésilien Juliano Pinto donne le coup d'envoi de la Coupe du monde de football organisée par le Brésil, alors qu'il ne fait pas partie de l'équipe nationale du pays et qu'il n'est même pas footballeur. Il est en fait paraplégique et ne peut donc pas, en théorie, donner de coups de pied. Mais ce jour-là, sous le soleil de São Paulo, Juliano marche jusqu'au ballon sur le terrain du célèbre Corinthians brésilien et le frappe pour lancer le match grâce à un *exosquelette* qu'il contrôle avec sa pensée[20].

Créé par le neuroscientifique Miguel Nicolelis à l'université de Duke (États-Unis), cet exosquelette capte des signaux du cerveau du patient, grâce à des électrodes de surface placées sur sa tête, et les transforme en ordres pour contrôler le mouvement des jambes mécaniques. Parallèlement, des capteurs sous les semelles de l'exosquelette enregistrent le contact avec le sol et, à chaque pas, renvoient des signaux vers un dispositif sur le bras du patient, l'informant de ce mouvement par des vibrations.

Depuis ce coup de pied historique, les exosquelettes se développent rapidement, permettant à des paraplégiques, mais aussi à des tétraplégiques, de retrouver leur motilité. L'un des plus avancés à l'heure actuelle est français. Le Emy (pour *Enhancing Mobility*) exoskeleton a été présenté au public en octobre 2019 dans la revue *The Lancet Neurology*[21]. Contrairement au désordre de câbles de l'exosquelette porté par Juliano Pinto cinq ans plus tôt, celui développé par Clinatec à Grenoble a une esthétique impeccable, en partie grâce à deux implants cérébraux sans fils (nommés Wimagine). Ces implants comportent 64 électrodes, placées directement sur le cortex moteur de chaque hémisphère, et une antenne qui envoie ces signaux par radiofréquence à un récepteur situé dans un casque. Ce dernier est branché à un ordinateur au dos de l'exosquelette, qui retranscrit le mouvement imaginé par le sujet.

Ainsi, un patient tétraplégique n'a qu'à imaginer qu'il effectue un mouvement pour que les implants envoient ces ordres aux membres mécaniques de la machine, lui permettant de bouger les bras et de marcher (mais uniquement s'il est soutenu par un harnais, car l'exosquelette ne sait pas encore comment garder l'équilibre)[22]. Toutefois, comme prévient le docteur Tom Shakespeare de la London School of Hygiene and Tropical Medicine dans un commentaire paru dans le même numéro de la revue, il reste encore un long chemin à parcourir entre cette démonstration et l'utilisation clinique de cette technologie, notamment à cause de son coût exorbitant[23].

S'ils ne sont pas prêts à redonner la marche autonome aux handicapés, les exosquelettes pourraient tout de même être utilisés à court terme, notamment pour améliorer les capacités physiques des soldats, comme l'a laissé entrevoir la ministre des Armées, Florence Parly, le 4 décembre 2020 : « Nous disons oui à l'armure d'Iron Man et non à l'augmentation et à la mutation génétique de Spiderman[24]. » Cette déclaration fut faite à la suite d'un avis rendu par le comité d'éthique du ministère de la Défense : il plaidait pour l'ouverture de recherches autour de méthodes invasives afin d'améliorer les performances des militaires – injection de substances, opérations chirurgicales pour implanter des puces, membres robotiques[25]... « Plutôt que d'implanter une puce sous la peau, nous chercherons à l'intégrer à un uniforme », soulignait la ministre Parly. Donc, pas d'implants ni de bras bioniques (au revoir Robocop), mais oui aux exosquelettes (bonjour Iron Man !).

D'ailleurs, l'armée française travaille sur un exosquelette depuis 2012, Hercule, qui a pour objectif « d'assister le soldat pour le port et la manipulation de charges lourdes, décuplant ainsi son endurance[26] ». Et bien évidemment, la France n'est pas la seule nation à réfléchir au soldat augmenté : l'armée américaine a lancé le projet Talos (pour Tactical Assault Light Operator Suit) en 2013, qui devait donner aux soldats états-uniens une force surhumaine et une protection contre les balles, tout en envoyant des informations les concernant (position, état de santé, état de l'armure) à leurs supérieurs. Mais huit ans après (et plus de 80 millions de dollars dépensés), Talos ne voit toujours pas le jour et semble condamné à l'oubli, même si des responsables de l'armée américaine assurent que les technologies développées pour cette armure seront utilisées (mais séparément)[27]. Finalement, Iron Man risque d'attendre un moment…

Des cyborgs de chair et d'os

Peut-être est-on encore très loin de Robocop, d'Iron Man ou de Terminator. Il n'empêche que les cyborgs sont de plus en plus nombreux sur Terre. Et maintenant, ils ont même leurs propres Jeux olympiques !

Le deuxième Cybathlon (les Jeux olympiques pour les personnes handicapées qui utilisent la technologie) a eu lieu en novembre 2020 (quatre ans après la première édition en 2016), présentant plusieurs des technologies dont nous avons parlé, y compris les bras bioniques du docteur Oskar Aszmann et ses associés, des exosquelettes et des fauteuils motorisés[28] : des technologies où la machine remplace un membre défaillant pour redonner de la mobilité à son utilisateur. Si ces membres mécatroniques sont encore très loin de pouvoir réellement imiter (et encore plus surpasser) le corps humain, une autre technologie présente au Cybathlon pourrait être la solution à ce problème : la stimulation électrique fonctionnelle.

Lors de cet événement sportif, j'ai eu l'opportunité de discuter avec un des participants de la première édition, le chercheur Vance Bergeron de l'École normale supérieure de Lyon. Cet adepte du vélo est tétraplégique depuis 2013, lorsqu'une voiture l'a percuté alors qu'il allait au travail sur son vélo, lui cassant la nuque et abîmant sa moelle épinière. Il a perdu la mobilité de ses membres (même s'il peut encore bouger les bras, il n'a plus la préhension des mains), mais aujourd'hui il peut refaire du vélo, non pas avec des jambes artificielles ou un exosquelette, mais en utilisant ses propres jambes !

Ce miracle est accompli grâce à la *stimulation électrique fonctionnelle*, technologie dont il est désormais expert. Comme son nom l'indique, elle consiste à stimuler le corps avec de l'électricité pour lui redonner sa fonctionnalité, en remplaçant les nerfs défectueux par des câbles et des électrodes. Dans le cas précis de Vance Bergeron, des électrodes de surface stimulent les muscles de ses jambes afin de contourner son système nerveux central endommagé, lui permettant de contrôler ses jambes directement par sa pensée ou grâce à un ordinateur : « C'est le même principe que les ceintures pour faire des abdos sans bouger de son canapé : elles stimulent les muscles abdominaux grâce à un courant électrique, expliquait Vance Bergeron lors de notre conversation[29]. Sauf qu'ici on l'utilise pour activer le corps immobilisé, afin d'empêcher l'atrophie du muscle et ainsi éviter les effets secondaires comme les escarres (lésions cutanées liées à une compression des tissus mous par les os et une surface dure, comme un lit ou un fauteuil). Cette stimulation entraîne une alimentation en sang, apportant de l'oxygène et des nutriments pour conserver les muscles en bon état, et en plus elle permet de leur redonner leur fonctionnalité. C'est ainsi que j'ai pu refaire du vélo, par exemple. »

Grâce à la stimulation électrique, des patients paraplégiques ont même réussi à marcher ! Cet exploit est l'œuvre de l'équipe de Grégoire Courtine, chercheur à l'École polytechnique fédérale de Lausanne (Suisse), qui a implanté des électrodes dans la moelle épinière des individus, stimulant les muscles nécessaires à la marche et permettant à des personnes paraplégiques de faire quelques pas à l'aide d'un déambulateur[30]. Ces électrodes communiquent sans fil avec un dispositif portatif qui envoie ces stimulations électriques à la suite des commandes vocales (captées par la montre du patient). Et ces stimulations s'adaptent au mouvement des pieds grâce à des capteurs placés sur les chaussures.

Cette expérience a eu pour effet secondaire majeur de développer de nouvelles fibres nerveuses dans la moelle épinière du patient, lui permettant de faire quelques pas même sans stimulation électrique ! La prochaine étape sera de contrôler ces mouvements directement avec le cerveau, en utilisant des implants cérébraux comme ceux de l'exosquelette de Clinatec, ce que Grégoire Courtine a déjà testé chez des singes.

Il se peut donc que le futur de la recherche sur les cyborgs ne soit pas d'ajouter des membres mécatroniques aux humains, des pièces de remplacement qui pourront difficilement égaler nos membres originels, mais de rendre leurs fonctionnalités à des parties du corps défaillantes en utilisant des capteurs et des transmetteurs cybernétiques. Le but principal n'étant pas d'augmenter les capacités physiques de l'être humain mais de les restaurer chez ceux qui les ont perdues à cause d'un accident ou d'une maladie.

Au-delà de tous ces aspects « mécaniques », qu'en est-il de la cognition ? Pourrons-nous augmenter notre cerveau et améliorer notre mémoire et notre intelligence ?

Le cerveau 2.0

Tout savoir sans jamais rien oublier. Tout comprendre sans le moindre effort. Tout contrôler par la seule force de notre pensée. Décupler nos capacités cognitives est l'un des plus grands rêves de l'humanité, car après tout, c'est notre esprit, notre intelligence et notre créativité qui nous rendent humains. Et si seulement on était plus intelligents, peut-être pourrait-on enfin comprendre le « dessein divin » et ainsi le modifier à notre guise, devenant nous-mêmes des dieux... Le problème est que pour améliorer notre cognition il faudrait améliorer notre cerveau. Ce qui implique de le comprendre. Hélas, il reste l'organe le plus mystérieux de l'être humain et on commence à peine à en percevoir toute la complexité. Néanmoins, cette dernière décennie a vu une véritable révolution scientifique s'opérer autour du cerveau, avec des percées historiques qui nous rapprochent d'une plus grande compréhension de cette tour de contrôle… Dans ces conditions, pourquoi ne pas rêver alors un peu plus fort à augmenter notre cerveau dans un futur proche ?

La course vers le cerveau virtuel

Les neurosciences sont devenues une des priorités scientifiques mondiales, bénéficiant de financements records. Les États-Unis de Barack Obama ont lancé la course au cerveau en 2013, avec la BRAIN Initiative (pour Brain Research Through Advancing Innovative Neurotechnologies ou recherche du cerveau à travers l'avancement des neurotechnologies innovantes)[1]. Ce programme de recherche gigantesque devrait débloquer plus de 4 milliards de dollars d'ici sa fin, prévue en 2026, pour développer de nouvelles technologies qui permettront de produire des images dynamiques du cerveau, allant jusqu'à l'échelle cellulaire, montrant chaque neurone et ses interactions avec les autres – un vaste projet sachant qu'il y a environ 100 milliards de neurones, qui génèrent plus de 100 000 milliards de connexions entre eux ! Une sorte de cartographie en temps réel du cerveau qui nous aiderait à comprendre un peu mieux son fonctionnement. En 2019, le NIH (l'Institut américain de la santé) avait déjà fourni 1,3 milliard de dollars pour financer plus de 700 projets de recherche.

L'Union européenne n'a pas voulu se laisser distancer et a lancé son propre programme de recherche, le Human

Brain Project, quelques mois après son concurrent américain, en octobre 2013. Il s'agit également d'un projet décennal, bénéficiant d'un budget gigantesque d'environ 1 milliard d'euros, qui a pour but de créer des technologies pour simuler le cerveau humain et son fonctionnement. Avec plus de 500 chercheurs dans plus de 140 universités, hôpitaux et autres instituts de recherche, le Human Brain Project ambitionne de recréer une version virtuelle du cerveau, dans laquelle nous pourrions regarder de près les réseaux neuronaux des différentes zones, à divers moments du développement ou lors des dysfonctionnements neurologiques.

Pour le moment, le plus grand résultat de ce projet est la plateforme EBRAINS[2], qui regroupe les données issues des recherches financées par le Human Brain Project ainsi que les outils qui en découlent, comme un atlas en 3D du cerveau, une sorte de Google Earth où les chercheurs peuvent voir en détail près de 250 zones du cerveau. Cet atlas, nommé « Julich-Brain » (en référence à la ville allemande de Juliers – Jülich en allemand – où il a été conçu), a été créé par l'équipe de Karl Zilles, de l'Institut de neurosciences et de médecine de cette ville, et il a été publié dans *Science* en août 2020[3]. Cette première carte du cerveau est accompagnée d'autres outils, comme la cartographie de plus de 25 000 synapses dans l'hippocampe, dressée par le Centre de technologie biomédicale de Madrid[4].

L'idée est d'ajouter à cet atlas toutes les informations concernant la totalité des connexions synaptiques que l'on puisse déceler dans un cerveau humain, pour pouvoir simuler ces connexions neurales dans un cerveau virtuel. Ainsi, on pourra étudier le fonctionnement neurologique sans avoir besoin de découper un vrai cerveau. Un projet très ambitieux, qu'on est encore loin de voir aboutir. Mais cette course vers le cerveau virtuel est sur la bonne voie et devrait révolutionner nos connaissances en peu de temps.

Des « mini-cerveaux » fabriqués en laboratoire

En attendant l'achèvement de cette cartographie complète du cerveau, des chercheurs se penchent sur une autre option, encore plus révolutionnaire, pour étudier cet organe : les cerveaux fabriqués en laboratoire. Appelés « mini-cerveaux » dans les médias, ces organoïdes sont plutôt des fragments de tissu cérébral qui permettent d'étudier en détail quelques aspects du cerveau... ou même de contrôler des robots autonomes (voir chapitre 8) !

« Les organoïdes ne sont pas des petits cerveaux dans une boîte de Petri, ce sont des représentations très simplistes du cerveau qui imitent d'une façon assez approximative certaines fonctions de celui-ci, nous corrige Arnold Kriegstein, professeur de neurologie à l'Institut Weill de neurosciences à l'université de Californie à San Francisco (États-Unis) et directeur du programme de biologie du développement et des cellules souches au sein de cette université. Ils ne peuvent pas remplacer un cerveau, mais ils sont très utiles pour la recherche, notamment pour étudier certaines maladies ou l'effet de nouveaux médicaments. »

Cependant, cet expert des organoïdes du cerveau prévient dans un article publié en septembre 2020 que ces modèles *in vitro* du cerveau humain sont encore trop différents du vrai cerveau, ce qui pourrait fausser les résultats obtenus avec eux, par exemple sur l'effet d'un traitement[5]. « Il y a plusieurs différences entre ces organoïdes et un vrai cerveau : d'abord, leur organisation structurelle, beaucoup plus hasardeuse et chaotique que dans le vrai organe. En conséquence, les connexions qu'on y observe ne sont pas aussi bien structurées que dans le tissu cérébral. Il manque à ces organoïdes, cultivés à partir de cellules souches pluripotentes, certains éléments essentiels au cerveau qui viennent d'une autre partie du corps, comme les vaisseaux sanguins qui irriguent cet organe ou les cellules microgliales, les cellules immunitaires du cerveau », détaille-t-il. De plus, l'expression génétique des cellules formant ces organoïdes diffère de celle des cellules présentes dans le vrai tissu cérébral. Cela semble lié aux conditions de culture, comme Arnold Kriegstein et son équipe l'ont mis en évidence dans un article publié dans *Nature* en 2020[6]. Il se pourrait donc qu'avec un milieu de culture plus semblable aux conditions *in vivo* ces cellules cultivées ressemblent plus à celles du vrai cerveau.

La recherche sur ces « faux cerveaux » débute à peine et les possibilités d'améliorer la technique sont encourageantes. Par exemple, des chercheurs de l'Institut de technologie de

Madras (Inde) et du MIT (États-Unis) viennent de mettre en place des micropuces qui permettent de faire pousser ces organoïdes du cerveau pour moins de 5 dollars ! Les cellules souches s'y développent, baignées par un flux continu de milieu de culture (imitant les fluides qui baignent les cellules dans le cerveau humain), formant un début de tissu cérébral en à peine sept jours. Ces micropuces de culture, qui peuvent être imprimées en 3D avec de la résine biocompatible, sont transparentes et rendent possible l'observation en temps réel de la croissance des organoïdes, tout en les alimentant en continu pour assurer leur développement optimal. Au bout d'une semaine, les cellules forment déjà des ventricules similaires aux cavités observées dans le cerveau, entourés d'un tissu semblable à celui du néocortex (la couche externe du cortex cérébral)[7]. À partir de ce moment, ces fragments de faux cerveau deviennent trop gros pour ces puces, mais ils pourraient probablement grandir davantage si on leur donnait plus d'espace.

Pourrait-on ainsi fabriquer des cerveaux entiers dans le futur ? À quand les cerveaux sur mesure pour remplacer ceux abîmés par l'âge et les maladies d'Alzheimer et de Parkinson ? « Ce domaine avance rapidement, mais je ne pense pas que fabriquer de vrais cerveaux puisse être un objectif réel, tempère Arnold Kriegstein. On pourrait peut-être fabriquer des fragments de cerveau destinés à être transplantés dans un cerveau humain pour rétablir une fonction qui aurait été perdue, mais pas le cerveau dans sa totalité. »

Pour le moment, ces « faux cerveaux » ne parviennent pas à se développer suffisamment. « Quand on parle d'un organoïde mature, on parle en fait d'un fragment de cerveau qui est à peine à l'état fœtal, insiste-t-il. Même au bout de près d'un an de maturation en laboratoire, ces organoïdes ne dépassent pas le stade du cerveau d'un nouveau-né. On ne pourra probablement pas s'en servir pour étudier les maladies neurodégénératives liées au vieillissement, mais ils pourraient être d'excellents modèles pour étudier le développement du cerveau et les maladies liées à ce processus. » Ces « cerveaux » fabriqués en laboratoire ne sont utiles qu'à la recherche, non au soin, ce qui pose une question essentielle : ces organoïdes de cerveau pourraient-ils ressentir la souffrance, voire réfléchir et avoir une forme de conscience ? En d'autres termes, est-il éthique de faire des expériences sur ces imitations du cerveau humain ?

La Fondation Dana, ONG basée à New York qui finance la recherche en neurosciences, et le NIH ont demandé à un comité de l'Académie nationale des sciences américaine de déterminer si la recherche sur les organoïdes cérébraux et les expériences sur les animaux chimères (voir chapitre 6) posaient des problèmes éthiques. Le comité, présidé par le chercheur en neurosciences de l'université de Harvard Joshua Sanes, a répondu par la négative en avril 2021, s'appuyant sur le fait que, dans l'état actuel de ces technologies, il est peu probable que ces organoïdes ou ces animaux chimères parviennent à développer une conscience humaine ou puissent ressentir la souffrance telle que nous, les humains, la ressentons.

Actuellement, les organoïdes sont encore trop différents des vrais cerveaux et n'ont ni la structure nécessaire ni les types cellulaires suffisants pour avoir une conscience. De plus, cette possibilité semble très peu probable dans le futur. Concernant les animaux munis d'implants de cellules neurologiques humaines, le comité conclut que tant que les cellules humaines restent très minoritaires dans le cerveau animal (ce qui est le cas pour le moment), elles ne pourront pas modifier suffisamment son fonctionnement ; peu de risque, donc, de voir l'animal s'« humaniser » et être pourvu d'une conscience humaine. Mais les membres du comité préviennent que cela pourrait changer rapidement, notamment si ces recherches sont faites sur des primates[8]. « Il est très positif que les institutions commencent à se poser ces questions éthiques avant que ces problèmes ne se présentent, se réjouit Arnold Kriegstein. Je crois que les organoïdes vont s'améliorer rapidement et qu'on parviendra à les rendre plus grands et mieux organisés. Mais il est impossible de prévoir le futur, les chercheurs ont beaucoup de mal à prédire l'avenir de leurs domaines parce qu'ils ne peuvent pas envisager à l'avance les percées technologiques qui pourraient survenir. » C'est pourquoi le comité de l'Académie des sciences recommande la prudence et une vigilance accrue, notamment si on arrive à fabriquer des organoïdes de cerveau plus complexes que ceux générés actuellement[9].

Le mariage entre le cerveau et la machine

Bien avant *Matrix*, Keanu Reeves a joué dans un autre film fondateur du mouvement cyberpunk (où les technologies de pointe deviennent omniprésentes et écrasent l'humanité), *Johnny Mnemonic*, sorti en 1995 (et qui, curieusement, se passe en 2021). J'ai été marqué pour toujours par ce film à l'âge de 12 ans, car il présentait un monde futuriste où les facteurs ne transportent plus de lettres, mais des disques durs intégrés à leur cerveau, et doivent échapper à des mafieux prêts à leur couper la tête pour accéder à l'information qu'ils contiennent. La possibilité d'augmenter ainsi son cerveau, en lui donnant la mémoire inépuisable des ordinateurs ou leur vitesse d'analyse, semblait alors complètement utopique. Pourtant, plusieurs chercheurs travaillaient déjà sur cette possibilité de connecter le cerveau avec des appareils cybernétiques. Et même si l'on ne connaît pas encore très bien le cerveau et son fonctionnement, les interfaces cerveau-ordinateur (ou BCI pour *brain-computer interfaces*) ne cessent de se développer.

Le principe de ces interfaces neuronales est de lire les signaux du cerveau pour les traduire dans des commandes permettant de contrôler un ordinateur ou une machine uniquement par la pensée. Ces interfaces peuvent être externes, comme les *électroencéphalographes* (EEG) qui captent l'activité cérébrale par des électrodes placées sur le cuir chevelu, ou plus invasives, comme les *électrocorticogrammes* (ECoG) implantés directement en contact avec le cortex du cerveau. Cette dernière technique est plus risquée (car elle requiert une chirurgie de précision), mais elle permet d'enregistrer des signaux de meilleure qualité.

Ces méthodes pour lire l'activité cérébrale existent depuis près d'un siècle. Les premiers EEG datent de 1924, quand le psychiatre allemand Hans Berger les a utilisés pour étudier les ondes alpha et bêta du cerveau, émises lorsqu'une personne est réveillée (résultats publiés en 1929)[10]. Et le premier ECoG a été créé en 1930 par les neurochirurgiens Wilder Penfield et Herbert Jasper pour identifier les épicentres cérébraux des crises d'épilepsie[11]. Pourtant, il aura fallu attendre une quarantaine d'années (1973) pour que ces techniques de lecture du cerveau soient employées pour communiquer avec des machines, une course lancée par le chercheur belge de l'université de Californie à Los Angeles, Jacques Vidal[12]. Les cobayes étaient d'abord des singes, puis des humains, à partir de 1991, lorsque les chercheurs ont réussi à contrôler le curseur d'un ordinateur avec des ondes captées par EEG[13].

Et en 1998, la société américaine Neural Signals crée la première interface cerveau-ordinateur implantée[14]. Aujourd'hui, près d'un siècle après l'invention des électroencéphalographes et des électrocorticogrammes, la recherche autour des BCI prend de la vitesse sous l'égide du protagoniste majeur du secteur, l'entreprise américaine BrainGate (précédemment nommée Cyberkinetics), fondée par des chercheurs des universités américaines d'Utah, de Chicago et de Brown. C'est précisément un de leurs implants que Kevin Warwick s'est implanté dans son avant-bras en 2002 pour faire son incroyable démonstration de bras robotique contrôlé à distance (voir chapitre 1).

Deux années plus tard, BrainGate a testé son implant chez quatre sujets tétraplégiques, leur donnant la faculté de contrôler le curseur d'un ordinateur par la pensée et de changer les chaînes d'une télévision (étude publiée en 2006 dans *Nature*[15]). Puis en 2012, une version améliorée de leur implant, intégré directement dans la région correspondant aux mouvements du bras dans le cortex moteur, a rendu deux patients tétraplégiques capables de contrôler un bras robotique, jusqu'à pouvoir boire du café à la bouteille[16] ! Plus récemment, ils sont parvenus à combiner la puissance de leur implant avec la stimulation électrique fonctionnelle (la technique utilisée par Vance Bergeron pour refaire du vélo), pour qu'un homme tétraplégique de 53 ans puisse contrôler son propre bras avec sa pensée, contournant son épine dorsale endommagée, comme Vance Bergeron. Mais au lieu d'envoyer les commandes motrices par l'intermédiaire d'un ordinateur, la stimulation venait directement de son activité cérébrale grâce à deux implants dans le cortex moteur (de 96 électrodes chacun), connectés à 36 électrodes implantées dans son bras. Ainsi, l'activité de son cortex envoyait des stimulations directement à son bras, lui permettant de récupérer partiellement le contrôle de son corps et même de se nourrir d'une façon autonome (étude publiée dans *The Lancet* en 2017[17]). Et en mai 2021, un sujet avec l'implant de BrainGate a réussi à écrire 90 lettres par minute sur un ordinateur en imaginant qu'il les écrivait à la main[18].

Malgré ces avancées majeures, une utilisation clinique de ces implants semble impossible à cause des risques liés à la chirurgie et à leur aspect très encombrant – une partie sort du crâne pour se connecter à l'ordinateur par le biais d'un câble, rendant son utilisation quotidienne inenvisageable. Mais cela pourrait changer rapidement, grâce aux implants sans fil, dévoilés le 30 mars 2021. Ils reprennent la technologie existante mais seule une petite partie de l'appareil émerge désormais à la surface du crâne, un transmetteur qui envoie l'information captée par l'implant sans utiliser de fil, libérant le sujet des câbles qui le retenaient avant[19].

Cependant, la chirurgie du cerveau, avec tous les risques d'infection qu'elle comporte, reste plus que délicate pour implanter l'appareil. Et une fois implantées, les électrodes peuvent causer des lésions (comme nous expliquait Pieter Roelfsema au chapitre 1) : « Cela reste une technique très invasive et risquée, résume Aleksandra Kawala-Sterniuk, chercheuse spécialisée dans les interfaces cerveau-ordinateur à l'université technologique d'Opole, en Pologne. Même si cette technique donne de meilleurs résultats, je pense que le futur des BCI ne réside pas dans ces implants, mais plutôt dans les interfaces utilisant des EEG, qui sont beaucoup moins onéreuses, moins risquées et bien plus confortables pour l'utilisateur. »

Paradoxalement, cette approche non invasive a débuté bien plus tard que celle des implants cérébraux, dans les années 1990, quand l'équipe de Jonathan Wolpaw au Centre Wadsworth (État de New York, États-Unis) a utilisé des

EEG, d'abord sur des sujets en bonne santé en 1991[20], puis chez quatre adultes atteints de sclérose latérale amyotrophique (maladie de Charcot) en 1998. Grâce à ces appareils, les sujets ont pu contrôler le curseur sur un écran et ainsi répondre par oui ou non à des questions avec une précision supérieure à 90 %[21]. Dix ans plus tard, l'équipe italienne de Fabio Babiloni (de la Fondazione Santa Lucia à Rome) a mis en place un système similaire chez des sujets souffrant d'amyotrophie spinale ou de myopathie de Duchenne, pour leur permettre d'allumer ou d'éteindre plusieurs appareils électroménagers en imaginant qu'ils bougeaient leurs jambes ou leurs bras[22]. « Aujourd'hui, grâce à ces interfaces non invasives, il est même possible de jouer à des jeux vidéo, même s'il faut un peu d'entraînement pour apprendre à bien les utiliser et les calibrer. Mais surtout, ces appareils sont devenus vraiment accessibles. Un équipement de bonne qualité coûte moins de 1 000 euros ! » se réjouit Aleksandra Kawala-Sterniuk.

L'appareil ultraportable d'EmotiBit est de ceux-là. Selon ses fabricants, il combine des EEG avec d'autres mesures biométriques (pouls, oxygénation du sang, température du corps, etc.) et envoie toutes ces données par wifi, le tout pour moins de 200 dollars[23]. Son système est ouvert (en *open source*), ce qui permet de le modifier pour utiliser ces différentes mesures de diverses manières, par exemple pour avoir une idée de notre état émotionnel et contrôler une application en fonction de notre humeur. Cela ne veut pas forcément dire qu'on peut vraiment décoder nos pensées avec de tels appareils : « Avec les EEG, on peut extraire plusieurs informations, comme l'humeur, des mouvements imaginaires, des états mentaux ou des changements cérébraux liés à des désordres comme la maladie de Parkinson, mais on ne peut pas lire dans les pensées ! clarifie Aleksandra Kawala-Sterniuk. On ne voit que des patterns, des motifs qui peuvent être utilisés pour envoyer une information (aller en haut ou en bas dans un jeu vidéo, par exemple). » Pour cette spécialiste, il est clair que, malgré la plus grande puissance des implants, ce genre d'interfaces non invasives est l'avenir des BCI. « Dans un futur proche, ces systèmes seront accessibles à tout le monde, comme les smartphones aujourd'hui. Ils seront faciles à porter, intégrés à nos vêtements, par exemple. Et ils deviendront l'équivalent des assistants de commande vocale comme Siri : tout ce qu'on peut contrôler actuellement avec la voix pourra être contrôlé par nos pensées grâce à ces interfaces, notamment les applications de divertissement. » Une vision qui rejoint celle de Neil Harbisson, pour qui le cyborg de demain sera plus iPhone que Robocop (voir chapitre 1).

Cependant, tout le monde n'est pas de cet avis, et notamment le patron de SpaceX, Elon Musk, qui profite de ses pauses café entre deux lancements de fusées pour développer sa puce Neuralink, qui vise à connecter le cerveau humain à Internet. Serait-ce possible prochainement ? Pourrons-nous un jour aller sur Wikipédia ou participer à une conférence juste par le pouvoir de la pensée ? Ou plus terrifiant, quelqu'un pourrait-il utiliser cette connexion pour hacker notre cerveau et accéder à nos souvenirs, comme Johnny Mnemonic a réussi à le faire avec l'aide d'un dauphin cybernétique ?

Neuralink, pont vers le futur… ou la dictature

C'était le grand rêve de Kevin Warwick : réussir à connecter le cerveau humain pour permettre une communication entre humains qui passe exclusivement par la pensée. Ce rêve, qui semblait inatteignable, pourrait bientôt devenir réalité grâce (ou à cause) de quelqu'un qui a déjà révolutionné les mondes des banques en ligne (PayPal), des voitures électriques (Tesla) et des vaisseaux spatiaux (SpaceX), Elon Musk.

Le milliardaire sud-africain a fondé Neuralink en 2016 avec l'objectif à court terme de traiter des maladies neurodégénératives et de permettre aux personnes handicapées de contrôler des membres artificiels avec leur pensée. À long terme, il souhaite connecter le cerveau humain à une « dentelle neuronale » (terme inspiré par l'écrivain de science-fiction Iain Banks), qu'il définit comme une couche numérique au-dessus du cortex qui permettrait une symbiose avec l'intelligence artificielle. En d'autres termes, cette connexion bâtirait un pont dans notre cerveau vers des appareils tels que les ordinateurs ou les téléphones portables, ainsi que vers les cerveaux des autres utilisateurs de cette dentelle neuronale. « Il y a deux ans, j'ai vu un épisode de la série *Black Mirror* au scénario similaire à celui proposé par Elon Musk. C'était terrifiant ! s'exclame Aleksandra Kawala-Sterniuk. Mais plusieurs chercheurs travaillent à faire de ce fantasme une réalité dans les dix prochaines années. »

Avec un budget de 158 millions de dollars et 90 employés[24], l'entreprise américaine promet d'aller beaucoup plus vite que ces compétiteurs, tels que BrainGate. Un pari qu'Elon Musk a déjà fait et réussi dans d'autres domaines, surpassant les acteurs historiques en à peine quelques années.

Pour le moment, l'implant de Neuralink (présenté dans le *Journal of medical Internet research* en octobre 2019[25]) montre déjà quelques améliorations technologiques par rapport à ses concurrents. Par exemple, ses électrodes sont plus fines, d'environ 1 millimètre d'épaisseur, ce qui permet d'en utiliser davantage (environ 100 fois plus qu'avec la technologie actuelle) et donc de lire avec davantage de précision l'activité neuronale. Elles sont aussi plus flexibles, comme du fil, et sont insérées dans le cerveau par un robot qui procède à de minuscules perforations du crâne, selon une technique proche de celle d'une machine à coudre, diminuant les risques liés à la chirurgie. À l'extérieur de la boîte crânienne, les électrodes sont connectées à un petit transmetteur, placé derrière l'oreille de l'utilisateur et relié à un ordinateur ou à un smartphone en Bluetooth. En principe, cet implant permettrait donc de transmettre plus d'informations tout en diminuant les risques et en augmentant le confort pour l'utilisateur, rendant plausible l'utilisation de cette puce pour contrôler des membres artificiels ou des fauteuils roulants.

Mais pas forcément pour connecter des cerveaux entre eux ou à Internet !

« Son idée est admirable, car elle permet de créer de l'enthousiasme dans ce domaine, mais pour le moment, c'est juste lui qui fait des grands signes de mains pour attirer l'attention, tempère Kevin Warwick. Il y a encore très peu de recherches sur la possibilité de connecter le cerveau, et pour le moment la proposition d'Elon Musk pose beaucoup de questions qui ne seront peut-être jamais résolues. »

Le très médiatique Elon Musk a déjà fait quelques annonces tonitruantes autour de son appareil. En août 2020, il a mis sous les projecteurs deux cochons avec l'implant de Neuralink[26] et en avril 2021 il a présenté un singe en train de jouer au jeu électronique « Pong » grâce à son implant[27]. Une démonstration pas forcément révolutionnaire – puisque d'autres équipes avaient déjà réussi de tels exploits – mais accomplie en un temps record, signe que la volonté d'accélération de Musk ne s'applique pas qu'aux fusées.

Comme il l'a expliqué à plusieurs reprises, pour lui, un tel implant est une nécessité. Il y va de la survie de notre espèce car, dans un futur proche, les machines douées d'intelligence artificielle (IA) surpasseront l'être humain. La seule façon d'y faire face sera, selon lui, de s'allier avec l'IA, afin de créer des surhumains, les seuls capables de résister à la menace technologique. Que cette peur soit fondée ou non, cela requerrait bien plus que ce que l'implant de Neuralink peut nous apporter. De fait, transformer des signaux électriques dans des commandes pour bouger un bras robotique est une chose, mais décoder les connexions neurales pour réellement déchiffrer notre pensée en est une autre. Pour cela, il faudrait une connaissance profonde du fonctionnement du cerveau humain, connaissance qu'on est encore loin d'acquérir. Le cerveau humain est composé de milliards de neurones, qui se connectent entre eux constamment, créant sans cesse de nouvelles connexions et de nouveaux cheminements. Pour réellement connecter notre esprit (et pas seulement notre cerveau), il faudrait que la machine qui établit la connexion comprenne toute la complexité de ce réseau, ce qui nous prendrait des décennies de recherche.

« Elon Musk est un génie du marketing. Il est capable de faire feu de tout bois et d'utiliser un argument qui n'a aucune réalité tangible pour vendre un produit. Il l'a déjà fait avec SpaceX, en expliquant qu'il allait envoyer des êtres humains sur la planète Mars, avance Jean-Gabriel Ganascia, professeur d'informatique à la faculté des sciences de Sorbonne Université et président du Comité d'éthique du CNRS. Musk conçoit sa société comme une fusée à deux étages : avec le premier, il propose une utilisation plausible et utile des implants cérébraux (comme la stimulation cérébrale profonde pour soigner les symptômes de la maladie de Parkinson). Avec le deuxième, il vend un fantasme ou un rêve : brancher directement, toujours avec des implants cérébraux, les cerveaux aux réseaux informatiques pour accroître sa mémoire, devenir plus intelligents et, grâce à cela, faire face aux intelligences artificielles. Lorsqu'on connaît un tant soit peu les neurosciences, on sait qu'on ne dispose pas des technologies requises aujourd'hui, car le cerveau est encore trop mal connu et la mémoire ne se réduit pas à un dispositif de stockage d'informations, comme un disque dur. Musk a fait pareil avec SpaceX : le premier étage visait à réaliser des lanceurs, pour la Nasa par exemple. Avec le deuxième venait le scénario de science-fiction : amener des humains sur Mars et les y faire vivre. C'est ce deuxième étage qui lui permet d'obtenir des financements pour développer le premier étage et investir sur ses lanceurs. Les neurosciences ont fait des progrès considérables ces dernières années, mais nous ne sommes pas près de connecter des dispositifs électroniques au cerveau, comme Musk le propose. Heureusement d'ailleurs, car si jamais on était en mesure d'augmenter notre mémoire en branchant sur notre cerveau des dispositifs de stockage, ceux qui fabriqueraient ces disques durs pourraient mettre ce qu'ils veulent dans notre tête ! »

En effet, bien que cette possibilité reste lointaine, le risque est réel et il faut s'y pencher dès maintenant. C'est ce qui a fait l'initiative BRAIN du gouvernement américain, en créant un comité de neuroéthique qui étudie les implications légales, sociétales et éthiques des avancées en neurosciences. Manipuler le cerveau, résidence de notre conscience et de nos pensées les plus intimes, pourrait permettre de jouer avec nos désirs et nos peurs, de changer notre personnalité, voire d'effacer notre individualité. Ce comité régule actuellement toutes les recherches financées par l'initiative américaine. Mais Neuralink étant une compagnie privée (et indépendante), elle échappe à cette régulation.

Si la volonté première de ces entreprises privées n'est pas forcément de manipuler notre conscience, elles pourraient ouvrir une porte dérobée vers notre esprit, porte que des hackers seraient en mesure de franchir comme ils accèdent aujourd'hui aux systèmes informatiques à travers la planète. Force est de constater qu'il n'existe toujours pas de système informatique infaillible – en témoigne le fait que Microsoft propose des récompenses de 300 000 dollars à tous ceux qui parviennent à hacker son système[28]. Alarmé par ces risques éthiques, le propriétaire de BrainGate, Jeff Sibell, a d'ailleurs cédé en septembre 2020 son entreprise et ses brevets à l'université de Tufts (où il a étudié la philosophie et la psychologie), dans le Massachusetts. Il a ainsi voulu s'assurer que le développement de cette technologie suive le rythme (et les régulations) de la recherche académique et évite les dérives générées par l'appât du gain[29].

« Je pense que cette connexion du cerveau n'a aucune chance d'aboutir, du moins à court et moyen terme… mais si elle aboutissait, ça serait catastrophique ! alerte Jean-Gabriel Ganascia. Si jamais ces connexions cerveau-réseau ou cerveau-cerveau fonctionnaient, il faudrait s'opposer fermement à leur emploi, car elles ouvriraient la porte aux pires dictatures. »

La conscience connectée

Des mémoires ajoutées ou supprimées à notre guise, notre libre arbitre remplacé par des algorithmes, des décisions prises par notre cerveau, mais à notre insu... À quoi pourrait ressembler ce cerveau connecté dont rêvent Elon Musk et d'autres grandes fortunes de la Silicon Valley ? Ce fantasme transhumaniste ne date pas d'hier, mais il a pris de la force ces dernières décennies, avec la création en 1998 par les philosophes Nick Bostrom et David Pearce de l'Association mondiale du transhumanisme (ou WTA pour World Transhumanist Association, rebaptisée Humanity+)[1]. Comme Elon Musk, cette organisation sans but lucratif basée à Los Angeles croit dur comme fer que les nouvelles technologies, telles que l'intelligence artificielle (IA), pourraient finir par nous surpasser et nous dominer dans un futur proche. La seule façon d'y faire face serait de prendre par la main cet ennemi potentiel et de l'intégrer dans l'humain[2]. Un recyclage du dicton anglais « *if you can't beat them, join them* » (« si vous ne pouvez les vaincre, rejoignez-les »). Devrait-on avoir peur de la grande méchante IA ?

La dictature des IA

Paradoxalement, ce sont précisément les compagnies investissant massivement dans les intelligences artificielles qui semblent se soucier le plus de cette effrayante possibilité. Amazon, Google, Facebook, Microsoft et IBM ont ainsi créé en 2016 le Partenariat pour l'intelligence artificielle au bénéfice des citoyens et de la société[3]. Cet organisme regroupe aujourd'hui plus de 100 entreprises high-tech, ainsi que des centres de recherche qui s'intéressent à l'intelligence artificielle[4].

Selon ses membres, le but de cette initiative est de soutenir le développement d'intelligences artificielles d'une façon éthique, pour qu'elle puisse servir au plus grand nombre. Mais d'autres n'y voient qu'un organisme de lobbying au service des IA, améliorant l'image de cette technologie et assurant à ces entreprises une plus grande influence, donc un mot à dire sur les éventuelles régulations des intelligences artificielles[5].

Peu après, en 2020, plusieurs pays (dont la France) ont créé le Partenariat mondial sur l'intelligence artificielle (PMIA)[6] afin de « faciliter la collaboration internationale, de réduire les doubles emplois, de servir de point de référence mondial pour des problèmes spécifiques d'IA et, en fin de compte, de promouvoir la confiance en l'IA et l'adoption d'une IA digne de confiance ». Le mot-clé étant « confiance », car il s'agit surtout de rassurer le public, avec le message suivant : « Les IA sont nos amies, nous n'avons rien à craindre. »

Même si les avancées récentes peuvent nous faire imaginer un futur dominé par des machines douées d'intelligence artificielle, la vérité est que ce scénario est très peu probable. Dans les mots de l'informaticien Gérard Berry (professeur au Collège de France et médaille d'or 2014 du CNRS) dans un entretien dans *L'Obs* en 2016 : « L'ordinateur et l'homme sont les deux opposés les plus intégraux qui existent. L'homme est lent, peu rigoureux et très intuitif. L'ordinateur est super rapide, très rigoureux et complètement con[7]. » À l'écouter, ces machines intelligentes ne vont pas forcément nous dominer, car il leur manquerait cette intuition humaine. Mais des humains pourraient bien s'en servir pour se hisser au-dessus du reste de l'humanité. En d'autres termes, le vrai danger n'est pas l'intelligence artificielle, mais l'utilisation que l'on pourrait en faire. « Le danger, ce ne sont pas les machines elles-mêmes, mais les gens derrière ces machines », rappelle Jean-Gabriel Ganascia.

C'est pourquoi l'Union européenne appelle à une réglementation plus stricte de l'intelligence artificielle. Le 21 avril 2021, la Commission européenne a annoncé un projet dans ce sens. « En matière d'intelligence artificielle, la confiance n'est pas un luxe, mais une nécessité absolue. En adoptant ces règles qui feront date, l'UE prend l'initiative d'élaborer de nouvelles normes mondiales qui garantiront que l'IA soit digne de confiance », a déclaré Margrethe Vestager, vice-présidente exécutive chargée du numérique, lors de cette annonce[8]. Des normes qui serviront notamment à éviter certaines utilisations douteuses, comme celle ayant cours en Chine actuellement, où une intelligence artificielle attribue un score social à chaque citoyen, en fonction de son comportement socio-économique. Ainsi, le géant asiatique détermine quels citoyens sont fiables et les récompense par un accès facilité aux prêts bancaires ou à certains postes. Alors que ceux qui, inversement, se distinguent par un score social bas subissent des restrictions bancaires, des discriminations professionnelles, et peuvent même être contraints dans leurs achats ou leurs voyages.

En plus des questions éthiques qu'une telle utilisation soulève, il y a aussi des problèmes inhérents aux intelligences artificielles. Même les IA les mieux intentionnées peuvent exacerber des inégalités. « On a tendance à croire que les technologies construites avec de l'IA sont infaillibles parce qu'elles sont systématiques. Mais c'est précisément parce qu'elles sont systématiques qu'elles pourraient très bien reproduire une erreur de façon systématique, explique l'informaticien et philosophe Jean-Gabriel Ganascia. Leur capacité dépend des données dont elles disposent, elles ne font que condenser les savoirs humains, et ceux-ci sont limités. Il serait illusoire de croire que les machines ne font pas d'erreurs. »

Nous assistons déjà à quelques erreurs notables, comme les biais mis en évidence chez certaines intelligences artificielles.

En 2018, les chercheuses en informatique Timnit Gebru et Joy Buolamwini, qui travaillaient à l'époque respectivement pour Microsoft et le MIT, ont démontré que des logiciels de reconnaissance faciale tiraient leurs données principalement d'images de personnes caucasiennes. À cause de ce biais, ces logiciels ne faisaient presque pas d'erreur quand il s'agissait de reconnaître un homme blanc (taux d'erreur de 0,8 %), mais se trompaient très fréquemment avec les femmes noires (34,7 % d'erreurs)[9].

Pour autant, l'opinion publique semble croire aveuglément au pouvoir implacable des IA. C'est la conclusion d'une étude publiée en avril 2021 dans le journal *Scientific Reports*[10], où des chercheurs de l'université de Géorgie (États-Unis) ont montré que les gens préfèrent faire confiance à un programme informatique plutôt qu'à un humain pour répondre à une question difficile. « Il nous faut être très vigilants avec le développement de ces technologies qui, pour être utilisées, nécessitent une éducation de l'ensemble du public, insiste Jean-Gabriel Ganascia. Mais il ne faut pas se tromper de période, nous ne sommes pas à l'époque du nazisme avec un État qui veut tout contrôler… En revanche, aujourd'hui, gardons en tête que certaines entreprises (comme les GAFA) veulent se substituer à l'État. »

L'intelligence artificielle et les algorithmes qu'elles manient de plus en plus prennent beaucoup de place dans nos vies, et elles pourraient bientôt remplacer en partie notre libre arbitre et prendre des décisions vitales à notre place.

Les algorithmes : le libre arbitre du XXIe siècle

On ne les voit pas, mais ils sont partout. Ils analysent nos goûts et décident quelles chansons on écoutera sur Deezer, quelle série on commencera sur Netflix, quelles vidéos on regardera sur TikTok et qui seront nos amis sur Facebook. Ils décryptent nos besoins et nous montrent les sites Internet qui correspondent le mieux à nos recherches sur Google. Ils nous disent quelle est la meilleure route pour arriver au plus vite à destination (Waze) ou même quelle personne choisir pour notre prochaine histoire d'amour (Tinder). La force de ces applis réside dans leurs algorithmes, qui analysent des quantités gigantesques de nos données pour nous aider à faire nos choix mieux qu'on ne pourrait le faire nous-mêmes, en tout cas de manière prétendument plus informée.

Alors que ces algorithmes ont commencé par nous offrir leurs suggestions dans des domaines relativement peu importants (comme les réseaux sociaux ou le divertissement), ils s'immiscent désormais dans des choix bien plus cruciaux, voire vitaux. Écouter une chanson qu'on n'aime pas trop à cause des failles d'un algorithme est une chose, recevoir une sentence de prison plus lourde à cause de leurs biais en est une autre.

Les algorithmes sont comme des recettes de cuisine qui détaillent comment mélanger certains ingrédients. Des œufs, de la farine, nos données médicales, un peu de sucre, et notre CV, le tout bien mélangé pour cuisiner un bon petit dessert qui prédira si on est susceptible d'apprécier telle ou telle pub, si on est un bon citoyen (comme en Chine), si on risque de mourir prématurément, ou si on a plus ou moins de probabilité de récidive en tant que criminel. Le problème, c'est que ces algorithmes peuvent se tromper et qu'on n'a aucun moyen de le savoir.

Ces systèmes logiques sont comme des boîtes fermées, seuls leurs créateurs savent exactement quelles données les alimentent et comment ils les utilisent. Un manque de transparence qui n'a bien souvent que de petites répercussions – sur les réseaux sociaux, par exemple, même si l'on est en droit de se demander comment ces applis régulent la censure ou les fausses informations –, mais qui pourrait s'avérer catastrophique s'il concernait des choix plus délicats, comme notre santé.

Néanmoins, même si on parle de cuisine, il ne faut pas tout mélanger ! Le but des algorithmes des réseaux sociaux est très différent de celui des autres applications. Sur Facebook ou TikTok, l'objectif du système est de capter notre attention le plus longtemps possible pour ainsi nous montrer davantage de publicités, ou pour récolter un maximum de données. Ces algorithmes nous montrent donc ce qui pourrait attirer notre attention, y compris des *fake news*, et nous connectent à des personnes qui pensent comme nous, qui ont les mêmes goûts que nous, pour s'assurer qu'on voudra passer du temps avec eux et qu'on ne sera pas rebutés par des opinions politiques trop différentes des nôtres. Ainsi, on s'enferme dans nos propres biais, que partagent les autres membres de notre « communauté » virtuelle.

Ces objectifs sont donc très différents de ceux des algorithmes appliqués dans le domaine de la santé, par exemple, où le but est d'aider le médecin à prendre une décision sur un diagnostic ou un traitement. Avec le risque, réel, malgré tout, que ce médecin finisse par se faire remplacer par une machine…

« La machine ne doit pas être un oracle, mais un complément d'information. L'IA peut apporter beaucoup au système de santé sans pour autant substituer la machine au médecin. Ces craintes ne sont pas fondées », nous rassure le président du Comité d'éthique du CNRS, Jean-Gabriel Ganascia. En effet, l'intelligence artificielle et ses algorithmes sont actuellement utilisés avec succès dans plusieurs secteurs de la santé, de la logistique (aide aux centres de santé pour mieux gérer leurs stocks et les horaires de leurs employés) jusqu'au diagnostic.

Par exemple, des chercheurs de l'université de Stanford (États-Unis) ont conçu un logiciel (nommé HeadXNet) qui peut identifier des anévrismes cérébraux en regardant des images en 3D du cerveau d'un patient. Selon un essai clinique portant sur 662 patients (publié en 2019)[11], leur algorithme augmente significativement la capacité des médecins à détecter ces anévrismes, facilitant une prise en charge précoce. Un aspect essentiel pour diminuer les effets néfastes des accidents vasculaires cérébraux.

Un autre exemple est l'intelligence artificielle développée par des chercheurs de Google Health pour repérer des tumeurs mammaires à partir de clichés de radiologie. Selon cette étude, publiée dans le journal *Nature* en 2020, leur logiciel réduirait significativement les faux négatifs et les faux positifs lors de ces détections, dépassant même la capacité des radiologistes expérimentés[12]. « Ces évolutions peuvent être très positives, mais une dérive pourrait être un excès de bureaucratie, en donnant trop d'importance aux décisions des IA et en causant donc une perte de liberté pour les médecins, si jamais on commençait à faire davantage confiance aux machines qu'aux docteurs, prévient-il. Cette dérive pourrait être poussée par les assurances, par exemple, ce qui serait catastrophique pour la santé. »

D'autres algorithmes font davantage polémique, comme celui créé par des chercheurs de l'université de Nottingham (Royaume-Uni) en 2019, qui peut prédire l'espérance de vie de chacun d'entre nous. Plus besoin de cartomancien, désormais ça sera une machine qui fera office de diseuse de bonne (ou mauvaise) fortune ! Cet algorithme divinatoire est parvenu à prophétiser la mort prématurée (avant les 75 ans) de quelques milliers de Britanniques avec une précision de 76 %, en analysant leur histoire médicale (âge, genre, origine ethnique, poids, maladies et antécédents familiaux de cancer), leur hygiène de vie (alimentation, activité physique) et certains facteurs de risque comme le tabac, la consommation d'alcool, l'utilisation de certains médicaments ou encore la qualité de l'air où ils vivaient ou les risques associés à leurs métiers[13]. Cet algorithme pourrait être extrêmement utile pour une médecine préventive, afin de faire mentir cette destinée fatale. Mais il risque surtout de ravir les compagnies d'assurances, notamment dans des pays comme les États-Unis où les prix dépendent des risques de santé de chaque utilisateur. Imaginez le prix de votre assurance si vous avez 60 ans et qu'un logiciel vient de prédire votre décès dans moins de dix ans !

En dehors du système de santé, d'autres algorithmes posent problème. En témoignent les débats autour de celui qui permet aux juges américains de savoir si telle ou telle personne présente un « haut risque de récidive ». Depuis 1998, ce logiciel nommé Compas (pour Correctional Offender Management Profiling for Alternative Sanctions), créé par l'entreprise américaine Northpointe (aujourd'hui Equivant), prédit la récidive des personnes jugées dans plusieurs États du pays (dont les États de New York et de Californie), dans le but d'accepter ou de refuser une libération sur parole. Il se fonde sur 137 critères, dont la plupart restent secrets. D'une précision relativement faible (65 %), il se trompe une fois sur trois. Une personne sur trois se voit donc refuser sa libération sur parole à cause d'une erreur de cet algorithme. Erreur qui affecte majoritairement les personnes noires, classées à tort « à haut risque de récidive » deux fois plus souvent que les personnes blanches.

Le pire dans cette histoire est que des chercheurs de l'université de Dartmouth (États-Unis) ont montré que ce logiciel possède une efficacité équivalente à celle d'un groupe de non-experts disposant uniquement de deux informations : l'âge et le nombre de condamnations précédentes du prisonnier[14]. De fait, cet algorithme est non seulement complètement inutile, mais il ne fait que reproduire systématiquement un biais sociétal (selon lequel les personnes ayant déjà commis un délit sont davantage susceptibles de récidiver). « La justice, argue Jean-Gabriel Ganascia, doit punir un crime accompli, pas un potentiel crime dans le futur dont on n'a aucune preuve aujourd'hui. Sinon, on serait dans une sorte de *Minority Report* (film de Steven Spielberg où les criminels sont arrêtés avant même de commettre leurs crimes, fondé sur le livre homonyme de Philip Dick). »

Cet exemple confirme bien que les algorithmes ne sont pas infaillibles et qu'ils reflètent les failles humaines, avec nos biais et notre manque d'objectivité. Il est donc essentiel de réguler leur utilisation, d'autant plus si un jour on parvenait à connecter notre cerveau à ces intelligences artificielles qui pourraient prendre le contrôle de nos décisions. « Il est difficile d'encadrer en amont ces technologies parce qu'on ne peut pas prévoir comment les utilisateurs vont se les approprier, nous met en garde Jean-Gabriel Ganascia. Personne n'aurait imaginé que Twitter, avec sa limite de 140 caractères, allait devenir si populaire ! Si on encadre trop en avance, on empêche l'innovation. »

Mais si on attend trop, on risque de se retrouver à la traîne, à courir derrière le secteur privé et ses intérêts, voire d'être mis devant un fait accompli. « Cette régulation ne doit pas se faire sous l'égide de sociétés privées, comme Neuralink, que l'on n'a pas élues. Le vrai risque est de donner trop de pouvoir au privé pour s'autoréguler, cela peut être une voie vers la privation de libertés. Pour contrôler les contenus déplacés et éviter les problèmes juridiques, les réseaux sociaux se mettent à censurer les utilisateurs (comme Facebook qui censurait des photos d'allaitement). La loi Avia contre les contenus haineux sur Internet en est un bon exemple. Elle donne le droit de retirer des contenus terroristes et pédopornographiques de n'importe quel site, et les contenus haineux et pornographiques des principaux réseaux sociaux, des plateformes collaboratives et des moteurs de recherche sous 24 heures. Or, le Conseil constitutionnel a jugé que le texte est en grande partie contraire à la Constitution, notamment parce qu'il porte une atteinte disproportionnée à la liberté d'expression. »

Le plus simple pour éviter les dérives serait peut-être d'imposer une plus grande transparence pour ces algorithmes touchant à des sujets délicats. C'est par exemple l'avis que Kate Crawford, spécialiste de l'implication sociale des systèmes de données chez Microsoft, développe dans un article du *New York Times* de 2016[15] : « Si vous recevez un score qui nuit à vos possibilités de trouver un emploi, une maison ou une éducation, vous devriez avoir le droit de voir les données, de savoir comment elles ont été générées, et de pouvoir corriger des erreurs et contester la décision. » C'est d'ailleurs le cas dans l'Union européenne depuis 2018, où une loi donne le droit aux citoyens européens de demander une explication sur une décision émanant d'un algorithme, voire de contester cette décision[16]. Si ces algorithmes gagnent en transparence, on sera mieux à même de les appréhender et d'éviter qu'ils finissent par remplacer notre libre arbitre.

Fabriquer des souvenirs

« Les souvenirs sont faits pour s'effacer, ils ont été conçus comme ça pour une raison », disait Lornette Mason à son ami Lenny Nero, accro aux souvenirs, dans le film de 1995 *Strange Days*, de la réalisatrice oscarisée Kathryn Bigelow. C'est la veille de l'année 2000 et le commerce illégal des mémoires est à son apogée, permettant à n'importe qui de vivre tout genre d'expérience, comme braquer une épicerie ou sauter d'un bâtiment, sans jamais quitter son canapé. Il suffit de placer quelques électrodes sur son crâne pour s'approprier les souvenirs de quelqu'un d'autre. Vingt-cinq ans après la sortie du film, ce monde futuriste reste de la science-fiction. Mais c'est oublier que certains veulent faire mentir Lornette, en cherchant à rendre les souvenirs ineffaçables et notre mémoire inépuisable. Cet objectif serait accessible si un implant comme Neuralink parvenait réellement à connecter le cerveau à un ordinateur, lui faisant bénéficier de sa formidable capacité de stockage et de sa rapidité pour retrouver des données.

Robert Hampson et Samuel Deadwyler dirigent à l'université Wake Forest en Caroline du Nord (États-Unis) un laboratoire à la pointe de ce genre de recherches sur la mémoire augmentée. « Il se pourrait qu'on arrive à améliorer la mémoire normale et fonctionnelle de tout un chacun, mais d'abord nous devons nous focaliser sur les problèmes de perte de mémoire, pour diminuer les effets néfastes de certaines maladies sur cette fonction cognitive, au premier rang desquelles Alzheimer, tempère Robert Hampson. Même si c'est un sujet qui nous intéresse, il est encore prématuré de parler d'augmentation de la mémoire, car on en méconnaît encore certains aspects essentiels, comme la limite supérieure de la mémoire humaine. Peut-être est-elle déjà au maximum. »

Pour ce spécialiste de l'« encodage » de la mémoire, le cerveau est déjà une machine exceptionnelle, inégalée par les ordinateurs dans sa capacité de mémoire, malgré les idées reçues qui le croient inférieur aux systèmes informatiques. « Les gens ne comprennent pas à quel point notre cerveau est excellent pour stocker les souvenirs, et surtout pour les retrouver ! Le cerveau est très bon pour faire des connexions, en rassemblant plusieurs données distinctes pour nous aider à nous remémorer une information précise. Imaginons qu'on doive se rappeler où on a laissé ses clés. Il ne suffit pas de se souvenir de l'endroit, il faut aussi prendre en compte le contexte, par exemple la raison pour laquelle on a besoin de retrouver ses clés. Est-ce pour ouvrir une porte, ou parce qu'on a trouvé une clé par terre et qu'on veut vérifier si c'est la nôtre, ou encore parce qu'on va sortir de la maison ? Le cerveau n'a pas forcément besoin de savoir chaque fois où se trouvent exactement nos clés, il arrive à connecter plusieurs informations de contexte (où on était, ce qu'on faisait, ce qu'on va faire, etc.) pour trouver la réponse à notre problème de clés. » Une capacité de connexion exceptionnelle, incomparable à celles des machines : « C'est le genre de choses dans lequel le cerveau est très bon et l'ordinateur très mauvais », conclut Robert Hampson.

Et c'est précisément cette énorme capacité à faire des connexions qui se détériore à cause du vieillissement ou des maladies de la mémoire. « Par exemple dans la maladie d'Alzheimer, la mémoire souffre à cause de la perte des neurones, car la protéine Tau et les peptides amyloïdes bêta s'accumulent jusqu'à causer la mort cellulaire, entraînant une cassure des connexions cérébrales », détaille-t-il. Pour pallier cette perte de connexions, Hampson et son équipe travaillent sur des implants cérébraux qui stimulent l'hippocampe (structure située au centre du cerveau qui joue un rôle important dans la mémoire). « Un des signaux qui est perturbé dans la perte de mémoire est le rythme thêta (des ondes cérébrales observées lors de la méditation ou de la mémorisation d'information). Ces ondes fonctionnent comme un signal de coordination. C'est comme la radio, où il y a une onde de base qui porte les autres ondes, qui elles transportent des informations spécifiques. Les ondes thêta sont ce transport de base qui renforce les autres ondes, et elles sont coordonnées principalement par l'hippocampe. Imaginez que vous deviez vous rappeler le numéro d'une maison, les ondes thêta sont le nom de la rue (l'information globale) qui vous permettra de vous souvenir de la maison en question (l'information spécifique), tente-t-il de m'expliquer. Stimuler l'hippocampe permet donc d'amplifier ce signal de base, renforçant ce rythme thêta, pour que notre mémoire puisse se rappeler l'adresse exacte d'un souvenir dans notre cerveau. »

Cet implant enregistre l'activité de l'hippocampe lorsque le sujet fait une tâche donnée, moment où le cerveau génère la mémoire associée à cette tâche. Puis, quand le sujet doit se rappeler comment faire cette tâche, l'implant rejoue le profil électrique enregistré, stimulant l'hippocampe et induisant une activité similaire à celle observée à l'instant de la formation du souvenir. Un protocole que l'équipe de Robert Hampson avait déjà testé chez des primates[17] et qu'ils ont pu reproduire en 2018 chez une dizaine de personnes épileptiques (ayant ces implants pour le suivi de leurs crises d'épilepsie), améliorant leur mémoire à court terme de 37 %[18].

« Ce n'est pas le souvenir qui est enregistré et rejoué, mais le profil d'activité de l'hippocampe à ce moment-là qui est associé à la formation de ce souvenir et qui peut donc aider à le retrouver, précise-t-il. L'objectif est que ces dispositifs puissent aider quelqu'un souffrant de pertes de mémoire tout au long de la journée, dans ses tâches quotidiennes, et aussi pour retrouver des souvenirs plus spécifiques. Nous travaillons actuellement sur ce sujet, afin de comprendre comment ces souvenirs spécifiques sont codés pour pouvoir un jour aider à les retrouver, peut-être en stimulant l'hippocampe à des moments précis en lien avec ce souvenir. »

Plus surprenant encore, ces enregistrements de l'activité de l'hippocampe pourraient être « transférés » d'un individu à un autre, comme pour lui « transmettre » un souvenir. En 2013, l'équipe de Robert Hampson a entrevu cette possibilité lors d'une expérience avec des rats. Grâce à ces enregistrements de l'hippocampe, des rats non entraînés à se rappeler une tâche donnée ont reçu les « souvenirs » des rats ayant été entraînés ; et ils ont pu effectuer cette tâche comme s'ils avaient été entraînés eux-mêmes[19]. Les rats devaient activer deux leviers pour recevoir un peu d'eau. Après avoir activé le premier, ils devaient attendre jusqu'à 30 secondes avant d'activer le second. Pour cela, ils devaient donc se rappeler sur quel levier ils avaient agi en premier, ce qu'ils arrivent à faire uniquement s'ils sont entraînés à se le rappeler. « Normalement, les rats oublient très vite et commencent à faire des choix au hasard après quelques secondes. Mais ils parviennent à se souvenir de la tâche plus longtemps si on les entraîne », explique Robert Hampson. Les rats entraînés se sont souvenus du levier à activer, contrairement à ceux qui n'avaient pas reçu l'entraînement. Les chercheurs ont utilisé des implants pour enregistrer l'activité de l'hippocampe des rongeurs pendant l'entraînement, c'est-à-dire pendant que leurs cerveaux encodaient le souvenir de la tâche et du levier activé. Puis ils ont transplanté ces implants dans des rats non entraînés pour stimuler leur hippocampe comme s'ils étaient en train de recevoir le fameux entraînement. Résultat : les rats avaient « appris » à se souvenir de cette tâche et pouvaient se rappeler le levier à activer malgré leur absence d'entraînement.

Se pourrait-il qu'un jour on puisse utiliser de tels implants pour acquérir des souvenirs ou des connaissances en quelques secondes ? La phrase mythique de Neo dans le premier *Matrix*, « Je connais le kung-fu », quelques minutes seulement après le téléchargement des techniques directement dans son cerveau, deviendra-t-elle une banalité, voire la devise de l'éducation du futur ?

« Dans le cas des rats, il faut prendre en compte le fait qu'il s'agissait d'une tâche très simple. Ils devaient seulement se rappeler la position d'un levier, droite ou gauche. Et la stimulation de l'hippocampe ne transférait pas le souvenir, mais aidait le cerveau à le trouver dans sa propre mémoire. On ne peut pas transférer un souvenir, on peut seulement améliorer la mémoire et faciliter la recherche des souvenirs, mais on ne peut pas créer une mémoire qui n'existe pas dans un cerveau, nous détrompe-t-il. La mémoire est beaucoup plus complexe que ça et je ne pense pas qu'on arrivera un jour à enregistrer des souvenirs et à les transférer. »

Il faudra donc continuer à aller au dojo si l'on veut apprendre le kung-fu, ce n'est malheureusement pas avec un implant qu'on pourra accéder à des connaissances qu'on ignorait jusque-là. Toutefois, ces implants pourraient bien nous aider à ne pas oublier ce qu'on sait déjà. Il existe plusieurs entreprises (en plus de Neuralink) qui tentent aujourd'hui de concevoir des implants cérébraux à utilisation médicale. Braingrade[20] en fait partie. Robert Hampson y travaille et applique les connaissances apprises lors de ces différentes études : « Je crois vraiment que les prothèses neurales vont faire la différence pour les maladies du cerveau et de la mémoire. »

On pourra donc peut-être traiter la perte de mémoire causée par le vieillissement et les maladies neurologiques, mais probablement pas ajouter des connaissances dans notre cerveau à l'aide de ces implants. Et si l'on parvenait à connecter deux cerveaux ensemble ? Pourrait-on passer une connaissance ou un souvenir d'un cerveau à un autre par l'intermédiaire d'Internet ?

L'ère de la télépathie

Vous rappelez-vous *Inception,* ce film de Christopher Nolan, où l'on pouvait implanter des idées dans le subconscient de quelqu'un en se faufilant dans ses rêves ? Ce n'est rien du tout comparé à ce qu'on pourrait faire si on parvenait à connecter le cerveau à la Toile grâce à des implants !

Plus besoin de stratagèmes audacieux ni de somnifères minutieusement conçus pour rentrer dans l'esprit de quelqu'un. Il suffirait de se connecter à son implant via Internet et de lui dicter tout ce que l'on voudrait, le sujet ne se rendrait même pas compte que ces idées infiltrées ne sont pas les siennes ! Heureusement, on ne peut pas encore produire des implants suffisamment performants pour permettre un vrai transfert d'idées. Cela n'a pas empêché certains chercheurs de tenter de connecter deux cerveaux, afin de lire dans les pensées ou de ressusciter ce bon vieux fantasme humain de la télépathie. Ces recherches auraient paru farfelues il y a quelques décennies, mais elles se développent actuellement et montrent des résultats encourageants.

Par exemple, des chercheurs de l'université de technologie de Toyohashi au Japon ont mis au point un logiciel qui lit les ondes cérébrales des sujets afin de deviner à quel chiffre ils sont en train de penser. Les ondes cérébrales étaient lues par

EEG pendant que des chiffres de 0 à 9 étaient dits à voix haute. Selon les chercheurs, le logiciel réussissait à identifier sur quel chiffre la personne se concentrait avec un taux de réussite de 90 %. Cependant, ces résultats ont été présentés dans un congrès scientifique en 2017 et n'ont pas encore été publiés[21].

Une année plus tard, en décembre 2018, le chercheur Zhongming Liu de l'université Purdue dans l'Indiana américain a développé une intelligence artificielle capable de reproduire des images d'un film que des sujets regardaient, juste en lisant leur cerveau. Ou leur flux sanguin cérébral, pour être plus précis. Grâce à l'*imagerie par résonance magnétique fonctionnelle* (fMRI), ils ont mesuré les changements du flux sanguin du cerveau en fonction des stimuli visuels, afin de faire une carte des zones stimulées par les différentes images. Et grâce à l'intelligence artificielle, ils ont créé un simulateur du cerveau qui devine quelles zones vont être stimulées par telle ou telle image. Ainsi, ils ont réussi à reproduire (assez grossièrement) des images vues par des sujets pendant que ceux-ci regardaient des films[22].

D'autres sont allés plus loin, en essayant non seulement de lire les pensées, mais de connecter deux cerveaux pour permettre une communication « télépathique ». C'est le cas d'Andrea Stocco, de l'université de Washington (États-Unis), qui a lancé en 2015 une expérience où des sujets se posaient des questions via un ordinateur et se répondaient par la pensée, grâce à des ondes cérébrales enregistrées par EEG et à de la stimulation magnétique transcrânienne (voir chapitre 7). Dans cette expérience, un premier participant voit une image sur l'écran d'un ordinateur (disons un chien). Un deuxième participant pose une question (peut-il voler ?). Le premier répond oui ou non en fixant cette réponse sur l'écran, chacune de ces options est accompagnée d'une lumière intermittente qui s'allume et s'éteint à une fréquence différente. L'EEG enregistre la stimulation cérébrale induite par cette lumière et envoie cette information au deuxième participant. Celui-ci a un appareil de stimulation magnétique transcrânienne qui envoie un signal à son cerveau en fonction de ces EEG. Si la stimulation correspond à la réponse « oui », le signal reçu par ce deuxième participant est plus fort, lui faisant voir des phosphènes (comme ceux que Pieter Roelfsema faisait voir à ses singes, voir chapitre 1). Ainsi, il posait des questions jusqu'à deviner quelle était l'image vue par le premier participant. Un jeu qu'ils réussissaient deux fois sur trois (72 %)[23].

Une expérience similaire, en 2014, avait déjà permis à des personnes étant en France et en Inde de communiquer[24]. Le premier pensait à un mouvement (bouger les mains ou bouger les pieds), l'activité cérébrale liée à ces mouvements correspondant à 1 ou à 0. Ainsi, chaque réponse équivalait à un bit informatique. Grâce à ce code binaire, le second individu sur un autre continent recevait une stimulation magnétique transcrânienne et devait ainsi décoder un mot envoyé par l'autre participant. Ce qui pouvait prendre un bon moment : pour décoder le mot *ciao,* donc 140 bits d'information, cela leur a pris plus d'une heure[25]. Les conversations télépathiques risquent d'être très longues…

Plus récemment, des chercheurs de l'université Shanghai Jiao Tong (Chine) ont compliqué un petit peu les choses, en créant une boucle de communication où la pensée d'un participant cause le mouvement de la main d'un autre, mouvement qui, à son tour, stimule aussi le bras de l'envoyeur, qui voit sa main bouger comme une sorte de confirmation de réception de son message. J'avoue, on s'y perd un peu. Alors, découpons tout ça en petits morceaux...

Tout commence par un signal cérébral, enregistré par électroencéphalogramme (EEG). L'envoyeur imagine qu'il bouge une main, cette pensée est captée par l'EEG, qui envoie un message au récepteur. Celui-ci porte un dispositif de stimulation magnétique transcrânienne, qui reconnaît le signal électrique de l'EEG et envoie une stimulation au cerveau du récepteur, spécifiquement à son cortex moteur, causant un mouvement de la main. L'activation des muscles de la main est captée par *électromyographie* (technique qui mesure l'activité électrique des muscles), envoyant un signal à un dispositif de stimulation électrique fonctionnelle posé sur le bras de l'envoyeur. Ce dispositif stimule les muscles de son bras, entraînant un mouvement... le mouvement qu'il avait imaginé au début de la séquence ! Selon leur article, publié en 2017 dans *Scientific Reports*[26], cette expérience a fonctionné dans 85 % des tentatives, montrant qu'il est possible de connecter (grossièrement) les systèmes nerveux de deux personnes de multiples façons. Cela ouvre-t-il la porte à une robotisation de l'être humain, où quelqu'un pourrait contrôler les mouvements de quelqu'un d'autre à distance ?

Une idée pas si farfelue quand on voit ce qui a été fait, à peine deux ans plus tard (en 2019), par une équipe de l'université du Zhejiang (Chine)[27]. Avec un système mélangeant EEG et stimulation cérébrale profonde, les chercheurs ont réussi à contrôler le mouvement de rats cyborgs et à les guider à travers un labyrinthe ! L'EEG enregistrait l'activité cérébrale du chercheur-marionnettiste quand celui-ci pensait à bouger ses bras, donnant le signal gauche ou droite, et quand il clignait des yeux, donnant le signal avancer ou reculer. Les rats avaient quatre électrodes implantées dans leurs cerveaux, deux sur le devant du cerveau, activant un circuit de récompense et donnant le signal pour avancer, et un de chaque côté, donnant le signal pour tourner à gauche ou à droite. Une méthode que ces chercheurs avaient conçue en 2016 pour communiquer avec le cerveau d'un rat sans lui causer de crises d'épilepsie ni d'autres effets majeurs. Les électrodes étaient connectées à un récepteur – posé sur le dos des rongeurs – qui recevait les ordres via Bluetooth et envoyait les stimulations au cerveau. Après quelques sessions d'entraînement pour que le rat comprenne ce que chaque signal signifiait, les chercheurs ont réussi à guider les rats robots à travers ce labyrinthe, juste par la pensée !

Cela ne signifie pas forcément que l'humain robot est proche. Ces signaux ne reflètent pas vraiment la volonté de l'envoyeur, car quand le chercheur pense à bouger un bras, le rat ne pense pas à bouger un bras. On ne sait pas encore transférer des pensées d'une telle façon et il est possible que l'on n'y parvienne jamais. Tout ce qu'on sait faire pour le moment est de donner un signal et d'apprendre au récepteur ce que ce signal veut dire. En gros, si tu vois une lumière, tu avances, si tu sens un picotement au bras, tu tournes (par exemple). Ce qui est très différent de vraiment faire passer nos pensées et nos volontés dans le cerveau de quelqu'un d'autre.

Aussi, ces rats avaient toujours une volonté et faisaient les mouvements demandés uniquement parce qu'ils allaient avoir une récompense. Il est peu probable qu'on arrive à annuler entièrement cette volonté propre, car le sujet doit vouloir « coopérer » pour qu'une telle manipulation puisse fonctionner. Mais si cette manipulation active les circuits du plaisir efficacement, donnant une récompense virtuelle après chaque « bon » mouvement, et surpassant ainsi la récompense que ce sujet pourrait ressentir en accomplissant son propre vouloir, serait-ce possible de contrôler quelqu'un malgré lui ?

« Il y a à peu près vingt ans, nous avons montré qu'il était possible de connecter deux cerveaux en utilisant Internet, prouvant qu'on pourrait un jour les faire communiquer. Je ne vois aucune raison pour que cela ne marche pas. Mais la vérité est que cette possibilité fait un peu peur, parce que le cerveau ne s'occupe pas que de la communication, mais aussi d'autres fonctions comme le mouvement du corps, nous confie Kevin Warwick. Aujourd'hui, on ne sait toujours pas jusqu'où on pourrait aller avec l'augmentation cérébrale, notamment parce qu'on ne sait pas ce que le cerveau en ferait. Contrairement à ce qu'on peut penser, on ne contrôle pas son cerveau, c'est lui qui nous contrôle ! On peut très bien vouloir dormir, mais si le cerveau ne veut pas dormir, c'est perdu d'avance. Comme on ne contrôle ni notre cerveau ni nos pensées, le connecter à d'autres cerveaux pourrait être très compliqué parce qu'il est impossible de prévoir ce que notre conscience décidera d'en faire. En fin de compte, c'est le cerveau qui commande, passant au-dessus de la raison ou du bon sens. » De son côté, Aleksandra Kawala-Sterniuk pense que cette communication pourrait fonctionner si elle reste très simple, comme un télégramme. Si l'on ne parvient jamais à transférer des pensées et des volontés, le cerveau ne pourrait pas être « hacké » et contrôlé à distance : « Mais des communications basiques de cerveau à cerveau pourraient devenir une réalité dans le futur. Un peu comme la commande vocale, qui, jusqu'à il y a peu, appartenait exclusivement à la science-fiction. En 2007, j'ai présenté le projet final de mon master en utilisant des commandes vocales et tout le monde était bouche bée. Aujourd'hui, une décennie après, cette technologie est déjà partout. »

Deuxième partie

Optimiser les prochaines générations

Nos enfants, cultivés en laboratoire ?

Le 26 novembre 2018, une vidéo sur YouTube[1] a bouleversé le monde scientifique, et peut-être le futur de notre espèce : la naissance de deux bébés y est annoncée. Rapidement ils deviennent les nouveau-nés les plus célèbres du monde, bien que personne ne les connaisse personnellement et qu'on ignore même leurs vrais prénoms.

Les bébés OGM

Lulu et Nana sont nées en octobre 2018, filles d'un père séropositif au virus de l'immunodéficience humaine (VIH), responsable du syndrome d'immunodéficience acquise (sida). Une maladie qu'elles pourraient ne jamais développer grâce à une modification génétique dans le gène CCR5, codant pour le récepteur C-C chimiokine de type 5. Ce récepteur est utilisé par le virus du VIH pour entrer dans les cellules humaines et les infecter, mais cette modification (une délétion de 32 paires de bases, rendant le récepteur non fonctionnel) semble opposer une résistance au virus et empêcher le développement du sida.

C'est la raison évoquée par le chercheur chinois He Jiankui, qui a introduit cette modification dans les embryons de ces deux bébés, dont la naissance a été confirmée le 21 janvier 2019 par les autorités chinoises. Toutefois, certains prétendent que la vraie raison n'aurait pas été de prévenir la maladie, mais d'améliorer les capacités cognitives de ces enfants, car il a été montré chez la souris que cette délétion dans le gène CCR5 augmente la cognition et la mémoire[2]. Que le but ait été thérapeutique ou non, cette recherche a engendré une polémique mondiale, car elle a brisé un tabou éthique jusque-là infranchissable (sauf dans la science-fiction) : la manipulation génétique d'embryons humains donnant naissance à des enfants génétiquement modifiés. Avec toutes les conséquences imprévisibles (et potentiellement catastrophiques) que l'on imagine sur leurs descendants et, par extension, sur la société tout entière. Peut-on prendre le risque de jouer avec l'évolution humaine ?

« Les philosophes se posent cette question depuis plus de cinquante ans, mais il a fallu que cela arrive pour que leurs voix soient entendues », regrette Françoise Baylis, philosophe à l'université Dalhousie (Canada), spécialisée dans la bioéthique et membre du Comité d'experts de l'OMS pour le développement des standards globaux pour la gouvernance et la surveillance de l'édition génétique humaine. « Il est primordial de se poser les questions importantes sur ce sujet avant que la technologie ne soit disponible. On doit se demander si on doit le faire, bien avant de savoir si on peut le faire, poursuit-elle. Mais CRISPR (la technique utilisée par He Jiankui) nous montre que modifier le génome humain est déjà d'actualité. » Est-il donc trop tard pour se poser ces questions ? « En 2019, le directeur de l'OMS a demandé à tous les pays de ne pas poursuivre de telles recherches tant qu'une discussion globale sur le sujet n'a pas été entreprise, et à ma connaissance aucun chercheur n'est actuellement en train de faire ce genre d'expériences », nous rassure-t-elle.

La principale raison de son optimisme est la réaction du monde scientifique après la révélation des expériences de He Jiankui : celles-ci ont été condamnées de façon unanime, y compris par d'autres chercheurs chinois qui les considèrent comme « un grand coup porté à la réputation et au développement de la science chinoise[3] ». De plus, les représailles que He Jiankui a subies ont de quoi refroidir n'importe quel chercheur voulant l'imiter : deux mois après son annonce, il a été licencié par son université (l'université des sciences et technologies du sud de la Chine, SUSTech) et un an après il a été condamné à trois ans de prison et à une amende de trois millions de yuans (environ 400 000 euros) par la cour de la ville de Shenzhen.

Des conséquences qu'il n'imaginait pas lors de son intervention au deuxième Congrès international sur l'édition du génome humain à Hong Kong, quelques jours à peine après son annonce du 26 novembre 2018[4]. « He Jiankui pensait qu'il pourrait y avoir quelques répercussions à court terme, mais pas à long terme. Au contraire, il prévoyait qu'après le tollé initial, sa recherche allait être validée et appréciée, peut-être même couronnée d'un prix Nobel », révèle Françoise Baylis. Lors de son procès il a expliqué qu'il ne pensait pas être dans l'illégalité, car il estimait avoir respecté tous les critères énoncés en 2017 par l'Académie nationale des sciences des États-Unis[5] : de son point de vue, la modification génétique des embryons se justifiait par la discrimination subie en Chine par les personnes atteintes du sida. Enfin, il considérait que sa recherche avait été approuvée et validée par d'autres chercheurs plus expérimentés – il est en effet possible que certains de ses collègues aient été au courant de son projet et qu'ils ne lui aient fait part d'aucune réserve.

Pour la bioéthicienne, auteure d'un livre sur le sujet – *Altered Inheritance : CRISPR and the Ethics of Human Genome Editing* (Harvard University Press, 2019) –, une partie du problème est due à des critères qu'elle juge désormais trop laxistes par rapport à ceux émis lors du premier Congrès sur l'édition du génome humain, en 2015, où un large consensus sociétal était demandé avant de pouvoir engager de telles recherches[6]. « Nous proposons un observatoire global pour l'édition génomique[7], qui mettrait ce débat sur le devant de la scène pour atteindre l'opinion publique et ne pas rester cantonné dans une vision exclusivement scientifique », dévoile-t-elle. En d'autres termes, au-delà du « peut-on le faire ? » doit apparaître le « doit-on le faire ? ». C'est justement ce qui émanait des nombreuses critiques des chercheurs internationaux quant aux expériences de He Jiankui ; elles n'attaquaient pas tant le fait d'avoir entrepris de telles recherches, mais pointaient plutôt les défauts de la méthode utilisée.

Des génomes sur mesure

Pour ces modifications génétiques, He Jiankui a employé la technique CRISPR/Cas9, créée en 2012 par la Française Emmanuelle Charpentier et l'Américaine Jennifer Doudna[8], invention qui leur a valu le Nobel de chimie en 2020.

Elle est fondée sur le système de défense bactérien, CRISPR (pour *clustered regulatory interspaced short palindromic repeats* ou « courtes répétitions palindromiques groupées et régulièrement espacées »), associé à une endonucléase (protéine qui peut couper l'ADN) nommé Cas. Quand elles sont infectées par un virus, les bactéries contenant ce système vont intégrer des morceaux de l'ADN du virus à leur génome, créant une « mémoire » immunitaire. Grâce à ces morceaux génomiques, ces bactéries ou leur descendance pourront reconnaître le virus dans le futur. Si cela se produit, la protéine Cas coupera alors l'ADN du virus pour l'empêcher d'infecter la bactérie. Ce système immunitaire bactérien a depuis été « détourné » pour permettre de lui faire couper n'importe quelle séquence génétique spécifique, permettant d'éditer l'ADN comme on modifie les mots d'un texte tapé à l'ordinateur.

Depuis 2012, ces ciseaux génétiques ont gagné en popularité grâce à leur efficacité et à leur bas coût. Ils sont désormais utilisés régulièrement dans plusieurs domaines de recherche, allant de l'édition génétique de plantes à des essais cliniques pour traiter le cancer chez l'humain. « Les avantages les plus significatifs de la technique CRISPR/Cas9 sont son efficacité et sa simplicité. On peut l'utiliser directement sur des embryons (dans des modèles animaux) ; il diminue alors le temps nécessaire pour transformer des gènes et évaluer les conséquences de ces changements, nous explique Chiranjib Chakraborty, professeur de biotechnologie à l'université Adamas en Inde. Ce système permet aussi de modifier plusieurs gènes en même temps, un autre avantage qui le différencie des autres méthodes d'édition génétique. »

Avant 2018, cette technique avait déjà servi à modifier le génome d'embryons humains en Chine et aux États-Unis, mais uniquement dans des buts de recherche et sans l'intention de permettre leur développement jusqu'à la naissance. Si elle est très loin de faire l'unanimité parmi les scientifiques, c'est aussi parce qu'elle présente de considérables défauts : très précise en théorie, elle ne devrait modifier le génome qu'à des endroits très spécifiques, cependant elle semble causer un grand nombre de modifications aléatoires ailleurs, sur des sites non ciblés. En 2018, une étude publiée dans le journal *Nature Biotechnology* a mis en évidence ce problème, arguant que bien souvent ces modifications non spécifiques survenaient loin du site ciblé (aussi bien dans des cellules animales que dans des cellules humaines), rendant difficile leur détection[9]. « C'est un des plus grands obstacles pour l'utilisation de CRISPR/Cas9 pour l'édition génétique, confirme Chiranjib Chakraborty[10]. Des chercheurs travaillent actuellement sur plusieurs approches pour réduire ces effets hors cible, comme des variants de Cas9 plus précis ou des outils supplémentaires pour optimiser la conception des ARN guides (qui détectent le site ciblé dans l'ADN). »

En plus de créer des modifications non ciblées, la technique CRISPR/Cas9 n'est pas efficace à 100 % pour les modifications ciblées. En effet, elle ne parvient pas à faire ces modifications dans toutes les cellules de l'organisme, créant un problème de « mosaïcisme » où certaines cellules sont modifiées et d'autres ne le sont pas[11]. Cela pourrait diminuer l'effet de cette modification, la rendant peut-être inutile.

Voilà les principales raisons qui sont mises en avant par une bonne partie du monde scientifique, comme l'Académie chinoise des sciences médicales, dont six de ses membres ont condamné les expériences de He Jiankui dans une lettre publiée dans *The Lancet* en janvier 2019 : « Nous nous opposons à toute utilisation clinique de l'édition génomique d'embryons humains pour des buts reproductifs qui violent les lois, régulations et normes éthiques, en absence d'une évaluation scientifique complète. L'édition du génome des cellules germinales ou des stades embryonnaires précoces est encore au stade de recherche fondamentale et sa sécurité, comme sa validité, nécessite d'être entièrement évaluée[12]. »

La critique de l'Institut national de la santé américain (NIH) est plus large, mais reste principalement focalisée sur les problèmes techniques de la méthode et du protocole utilisé : « Le projet a été mené en grande partie en secret, l'indication médicale de l'inactivation de CCR5 chez ces enfants n'est pas convaincante, le processus de consentement éclairé semble très discutable [il a été révélé par la suite que He a payé chaque couple environ 40 000 dollars], et la possibilité d'effets hors cible n'a pas été suffisamment explorée[13]. » Le deuxième Congrès international sur l'édition du génome humain est parvenu à une conclusion similaire dans sa déclaration finale : « Faire des changements dans l'ADN d'embryons ou gamètes pourrait permettre à des parents avec des mutations pathogènes d'avoir des enfants biologiques en bonne santé. Cependant, l'édition génomique héritable des embryons ou des gamètes pose des risques qui sont encore difficiles à évaluer. Des inquiétudes persistent sur la possibilité que les changements ne soient effectués que dans quelques cellules de l'embryon, laissant des cellules non éditées qui perpétueraient la maladie. L'édition des lignées germinales pourrait produire des effets indésirables non seulement pour l'individu, mais pour ses descendants[14]. »

« Pourtant, la vraie question concernant cette technologie n'est pas de savoir si elle est sûre ou efficace, mais si elle obtient le large consensus sociétal nécessaire, avant de procéder à son utilisation, rappelle Françoise Baylis. Ce n'est pas à la communauté scientifique d'en décider, car le génome humain nous appartient, à tous. Il s'agit du futur de notre société ! »

La technique CRISPR a le potentiel de changer durablement le génome humain, en introduisant des modifications qui resteront ancrées dans le patrimoine génétique des générations futures. Des modifications qui pourraient permettre d'éradiquer certaines maladies qui affligent actuellement notre société, mais aussi d'en créer involontairement de nouvelles dans le futur. Et surtout, ce genre de modification génomique héritable pourrait changer à jamais l'humanité telle qu'on la connaît, non seulement en supprimant des défauts génétiques, mais aussi en ajoutant des avantages évolutifs. Il se pourrait que Gattaca ne soit plus très loin…

Coup de pouce à la sélection naturelle ?

Mais serait-ce réellement si grave que notre société finisse par ressembler à Gattaca ? Après tout, CRISPR ne serait qu'un accélérateur de la sélection naturelle, nous permettant de nous débarrasser des génotypes causant des maladies graves pour ne sélectionner que les variants génétiques qui nous donnent le plus d'avantages évolutifs. C'est ce que l'évolution a fait depuis l'apparition de la vie sur Terre, on lui donnerait juste un petit coup de pouce pour aboutir plus rapidement à la meilleure humanité possible.

Exactement comme dans le film *Bienvenue à Gattaca*, il ne s'agirait pas de créer de nouveaux gènes avantageux, mais de sélectionner les meilleurs variants déjà existants, et d'éliminer les plus délétères. Une démarche qui semble inévitable pour certains : « Il y a beaucoup de cultures dans le monde, de sociétés très compétitives, régies par le marché, où les individus essayent de donner à leurs enfants un avantage dans cette compétition. Donc dire qu'on ne va pas faire de l'édition génétique quand elle se rapproche trop de l'amélioration de l'individu, pour moi c'est se voiler la face », affirmait le bioéthicien de l'université de New York, Arthur Caplan, dans le magazine *MIT Technology Review* en 2015[15].

En réalité, le plus grand intérêt de l'édition génomique serait d'améliorer l'être humain, parce que la majorité des maladies évitables grâce à CRISPR sont déjà évitables ou traitables autrement. « La plupart des maladies génétiques peuvent être évitées grâce au conseil génétique lors d'une procédure de fertilisation *in vitro* », rappelle un des pionniers de CRISPR, George Church, dans un entretien à la revue *CRISPR* en décembre 2019[16]. En effet, analyser le génome entier d'un embryon est aujourd'hui faisable, rapide et peu onéreux. Il suffit donc de sélectionner l'embryon ne présentant pas la mutation délétère pour éviter le développement de la maladie chez l'enfant ; nul besoin de faire de l'édition génétique. « Un homme avec la maladie de Huntington (causant une dégénérescence neurologique), par exemple, peut utiliser son sperme pour féconder une douzaine des ovules de sa partenaire. Et la moitié de ces embryons n'auront pas les mutations responsables de la maladie », ajoute Hank Greely, bioéthicien de l'université de Stanford dans le *MIT Technology Review*[17]. C'est aussi une des critiques reçues par He Jiankui : la nécessité médicale de son expérience n'était pas évidente, car le sida est une maladie que l'on sait désormais traiter, donc la vie et la santé de ces futurs bébés n'étaient pas nécessairement en danger. L'argument renforce la suspicion d'une raison cachée, comme celle d'améliorer les capacités cognitives des enfants.

« On doit vraiment commencer à discuter de l'amélioration de l'être humain, pas seulement sur la thérapeutique, parce que l'édition génétique héritable n'est pas de cet ordre. Les personnes qu'on est censé traiter n'existent pas encore ! alerte la bioéthicienne Françoise Baylis. Le but réel ici est de créer quelqu'un avec des traits choisis, pas de traiter quelqu'un. » Pour elle, le seul aspect thérapeutique de cette approche serait pour les parents, qui souffrent à l'idée de ne pas pouvoir engendrer des enfants en bonne santé : « L'accès aux soins de santé est un droit, mais avoir un enfant n'est pas un droit, donc on ne peut pas considérer l'édition génétique comme étant thérapeutique dans ce contexte. » Pourtant, pour la plupart des défenseurs de cette technologie, elle devrait être permise à cause de son potentiel thérapeutique, dans le but exclusif de traiter les maladies héréditaires.

Même si on suit leurs conseils de n'utiliser l'édition génétique héritable que pour éviter ces maladies héréditaires, cette technologie mènerait sans doute vers une « amélioration » de l'être humain. Les enfants « naturels » finiront-ils par être considérés comme des citoyens de deuxième rang, comme Vincent Freeman dans *Bienvenue à Gattaca* ? Si l'on pouvait ainsi prévenir la survenue de ces maladies chez nos descendants, les enfants de ceux qui ne font pas ce choix seraient-ils considérés comme inférieurs ? Il se pourrait aussi que cette technologie ne soit disponible que pour certains, à cause de son prix, par exemple. Serait-on en train de créer deux sociétés, une « améliorée », où ces maladies seraient éradiquées, et une société « inférieure », affaiblie par ces problèmes de santé ? Des questions sans réponses aujourd'hui, mais qui préoccupent déjà les bioéthiciens et les chercheurs, y compris dans le pays le plus avancé dans ce domaine : la Chine.

La Chine : porte de Gattaca ?

Ce n'est peut-être pas un hasard si les premiers êtres humains génétiquement modifiés sont nés chez le géant asiatique. En cherchant le mot-clé « CRISPR » dans la base de données des articles scientifiques et médicaux PubMed, on trouve plus de 23 000 publications, dont 5 500 viennent de Chine, suivie de loin par le Japon (1 500) et les États-Unis (1 300). La Chine a investi lourdement dans la technologie d'édition génétique, devenant le premier pays à utiliser CRISPR chez des embryons humains non viables (en 2015 par l'équipe de Junjiu Huang)[18].

Sa population se dit très favorable à cette avancée scientifique, si elle poursuit un but thérapeutique, comme en témoignent les résultats d'une enquête menée en 2018 par l'université Sun Yat-Sen[19]. « Cela suggère que la recherche en édition génétique en Chine n'a pas seulement un potentiel prometteur, mais répond aussi aux besoins de l'opinion publique », conclut Liang Chen, professeur à Sun Yat-Sen, dans un article du quotidien chinois *Global Times*. Dans le même article, He Jiankui lui-même, encore dans l'anonymat puisqu'il fera son annonce deux semaines plus tard, se félicitait des conclusions de ce sondage : « En tant que scientifique qui étudie la sécurité et la faisabilité de l'édition génétique à visées thérapeutiques, je suis convaincu que l'édition du génome humain doit être utilisée uniquement pour prévenir et traiter des maladies graves, pas pour améliorer l'être humain. »

Pourtant, même pour les experts chinois, l'expérience de He Jiankui est injustifiable, contrairement à celle de Junjiu Huang menée sur des embryons non viables : « La différence est fondamentale : les embryons non viables sont détruits après la recherche, alors que dans le cas des embryons modifiés dans un but reproductif, le bébé ainsi créé subira les conséquences de l'expression de ces gènes édités, lesquelles peuvent être nuisibles, voire catastrophiques, si la technologie n'est pas assez mûre », nous explique Renzong Qiu, bioéthicien à l'Institut de philosophie de l'Académie chinoise des sciences sociales à Pékin. Il a fortement condamné les agissements de He Jiankui dans un article où il expose les problèmes éthiques posés par ces recherches depuis une perspective chinoise[20]. Une perspective proche de celle des pays occidentaux, mais avec quelques différences culturelles qui pourraient expliquer l'engouement du géant asiatique pour la manipulation des embryons.

Le spécialiste explique par exemple que, selon la philosophie des confucianistes Xun Zi et Hanfei Zi (IIIe siècle avant notre ère), dans la culture chinoise, « l'être humain » commence à la naissance et finit à son décès. Ainsi, les expérimentations sur les embryons et les fœtus ne sont pas considérées comme des actes effectués sur « l'humain » et ne poseraient un problème que si elles ont des conséquences après la naissance. Il affirme également qu'une des raisons pour laquelle les Occidentaux critiquent l'expérience sur les embryons (ainsi que d'autres technologies émergentes), en dénonçant les chercheurs qui « jouent à être Dieu », relève d'une vision non universelle monothéiste qui ne peut s'appliquer à la Chine, où la majorité des habitants ne croient pas en un dieu.

En revanche, il considère que ce type de manipulation génétique n'est justifiable que pour prévenir des maladies héréditaires graves, comme la thalassémie, une forme héréditaire d'anémie qui affecte 47 millions de Chinois, mais en aucun cas pour modifier ou améliorer l'être humain. « Le docteur He dit que son but était de prévenir la transmission du VIH, mais en réalité ce qu'il a fait, c'est de l'amélioration génétique, explique-t-il dans un article pour l'ONG d'éthique et philosophie Hastings Center[21]. Avec l'édition génomique pour prévenir une maladie, l'embryon porte un gène défectueux. Au contraire, dans l'édition génomique pour l'amélioration, l'embryon est normal, ce qui était le cas des embryons édités par le docteur He. »

Certains bioéthiciens, telle Françoise Baylis, jugent l'édition génétique héritable difficilement justifiable, même pour éviter une maladie grave, considérant qu'on ne peut parler de thérapie parce que le « patient » n'existe pas encore avant de recevoir le « traitement ». Pour Renzong Qiu, cela est simplement un malentendu entre prévention et thérapie : « Certains ont mal compris l'édition génétique héritable, qui est utilisée pour prévenir un défaut génétique chez la descendance de parents malades, et non pour soigner ces défauts génétiques. Imaginons qu'un couple souffre de thalassémie, causée par le défaut d'un seul gène. S'ils se reproduisent, ce gène défectueux et la maladie seront transmis à leurs enfants. Mais si l'édition génétique est réussie, ces enfants ne posséderont pas ce gène défectueux ni la maladie qu'il cause. C'est donc préventif, pas thérapeutique. »

Il ajoute que quand la technologie sera suffisamment mûre, abordable et acceptée par l'opinion publique, ces manipulations préventives seront non seulement justifiables, mais deviendront une obligation morale pour les gouvernements. Tout en précisant que ces conditions ne sont pas atteintes actuellement. Il existe encore trop de risques à cette intervention, et aucun consensus sociétal ne se développe. « On doit avancer sur ces deux aspects en même temps et prouver que l'édition génétique héritable peut éviter la transmission de maladies héréditaires, d'abord chez les animaux, avant de faire des essais cliniques sur l'homme. Et quand les scientifiques auront démontré l'efficacité et la sûreté de cette technologie, elle deviendra justifiable éthiquement et sera acceptée par la communauté scientifique et par la population. »

Néanmoins, Renzong Qiu entrevoit déjà deux problèmes majeurs qui pourraient survenir en Chine : une utilisation non régulée de l'édition génétique, poussée par la loi du marché, et une dérive eugéniste pour éliminer les individus considérés comme inférieurs.

Pour illustrer son propos, il donne l'exemple de l'explosion des cliniques privées et des hôpitaux chinois qui proposent des thérapies avec des cellules souches sans aucun fondement scientifique. Des centaines de milliers de patients y ont perdu des milliards de yuans, sans constater d'amélioration de leur qualité de vie, une fortune venue gonfler les finances des compagnies de biotech et des médecins. En Chine, le système politique encourage les chercheurs à créer leurs propres entreprises. C'est par exemple le cas de He Jiankui, qui gérait huit compagnies de biotech grâce auxquelles il avait déjà collecté des millions de yuans[22]. « Comment pouvait-il avoir l'énergie et le temps de faire de la recherche consciencieusement ? », se demande Renzong Qiu dans son article pour Hastings.

Quant au second problème soulevé, celui de la dérive eugéniste, le bioéthicien explique qu'entre 2011 et 2015 il y a eu en Chine une prolifération de livres d'« éthique médicale » qui soutenaient l'idée que les personnes « inférieures » à cause d'un handicap ou d'une maladie génétique sont un poids pour la société. En toute logique, elles doivent donc être éliminées par euthanasie obligatoire lorsque leur état est incurable, ou stérilisées, à moins qu'il ne soit possible d'éradiquer ces tares médicales pour les prochaines générations en recourant à l'édition génétique. Si un docteur est éduqué avec un de ces livres, quelle attitude aura-t-il envers ces patients souffrant de maladies génétiques ? « Le principe de l'eugénisme est de limiter la reproduction des individus ou des groupes considérés comme "inférieurs". Cela mènerait à une politique similaire à celle des nazis et à une reproduction de l'holocauste, alerte-t-il. Il faudra des lois qui punissent avec sévérité de telles dérives. C'est le cas en partie dans le nouveau Code civil chinois (en place depuis octobre 2017)[23] dans lequel figure un article qui interdit toute recherche sur des gènes ou des embryons humains qui puisse nuire à la santé humaine ou qui n'est pas en accord avec les normes éthiques ou l'intérêt public. »

Malgré les barrières techniques et éthiques, et les potentiels problèmes que cette technologie pourrait causer, ce bioéthicien est convaincu que l'édition génétique héritable deviendra une réalité. Mais Françoise Baylis, de son côté, n'en est pas si certaine, du moins pas dans les conditions d'utilisation des embryons : « Je crois que la manipulation génétique des embryons n'est qu'une diversion, parce qu'il est peu probable que cela fonctionne un jour à cause des barrières techniques, comme le mosaïcisme. Selon moi, la technologie du futur sera la manipulation des gamètes (spermatozoïdes et ovules). On doit donc ouvrir une discussion beaucoup plus large sur l'édition génétique, afin qu'elle englobe toute forme d'édition génétique héritable. » Si l'on pouvait un jour manipuler les gamètes, voire les créer artificiellement, pourrions-nous nous passer des parents ?

Plus besoin de parents ?

Les avancées médicales et économiques des derniers siècles ont réussi à allonger considérablement notre espérance de vie. Par conséquent, nous, les humains, nous sommes multipliés à un rythme effréné, passant d'un milliard de personnes en 1820 à près de huit milliards en 2020 ! À ce rythme, il se pourrait que nous exercions sur la planète une pression rapidement insurmontable et que nous épuisions l'intégralité de ses ressources, nous condamnant (nous et la majorité des autres êtres vivants sur Terre) à la destruction. Mais en réalité, il est bien plus probable que notre fin soit due à un scénario complètement opposé : une chute démographique sans précédent qui décimera notre espèce. Elle semble d'ailleurs avoir déjà commencé.

Le constat est inquiétant. La fécondité mondiale est passée de 6 enfants par femme en 1972 à 2,4 en 2019 et continue de baisser, approchant dangereusement le seuil de renouvellement des générations (en dessous duquel la population est destinée à décroître), estimé à 2,1 naissances par femme. Cette chute est principalement due à une dégringolade du nombre de naissances en Europe et en Amérique du Nord, avec une moyenne de 1,6 naissance par couple. Mais le reste de la planète commence à adopter la même tendance : en Afrique, la fécondité est passée, entre 2008 et 2019, de 4,9 à 4,4 ; en Asie, de 2,4 à 2,1 ; et en Amérique latine, de 2,5 à 2,1.

Les facteurs généralement mis en avant pour expliquer cette importante diminution de naissances sont une hausse du niveau économique et éducatif des femmes, et une plus grande participation féminine au monde du travail. Les femmes retarderaient de plus en plus le moment d'avoir des enfants et décideraient de réduire leur nombre pour perturber le moins possible leur carrière professionnelle. Toutefois, ces statistiques cachent un autre facteur qui prend de plus en plus d'ampleur et n'a pas grand-chose à voir avec ces choix de vie, un facteur davantage lié à l'homme et qui risque de rendre cette chute irréversible : la stérilité.

La fin de l'être humain...

On parle de stérilité lorsqu'une grossesse n'est pas obtenue après 12 à 24 mois de rapports complets et réguliers (deux à trois fois par semaine). Aujourd'hui, c'est le cas d'environ 10 % des couples en France (selon l'Inserm, après deux ans de tentatives) et 16 % au Canada, alors que seulement 5 % des couples présentaient ce problème dans les années 1980. En cause, l'âge toujours plus tardif de procréation, diminuant la fertilité des femmes, et une baisse considérable de la qualité et de la quantité du sperme masculin.

C'est que le travail des spermatozoïdes n'a rien de simple ! Pour atteindre l'ovule, ils doivent parcourir plus de 10 centimètres, soit plus de 20 000 fois leur taille, et ce dans un milieu très visqueux. C'est un peu comme si on devait traverser la Manche à la nage, et que la mer n'était pas faite d'eau, mais de miel... Une quête presque impossible qu'ils réussissent grâce à une ténacité infatigable, mais surtout au fait d'être plusieurs millions au départ, ce qui augmente la probabilité que l'un d'entre eux arrive au but. C'est justement ce nombre de spermatozoïdes sur la ligne de départ qui a considérablement dégringolé ces dernières décennies.

Selon une étude de l'université hébraïque de Jérusalem, publiée en 2017, la quantité de spermatozoïdes contenus dans le sperme a diminué d'environ 60 % depuis les années 1970, principalement dans les pays industrialisés[1]. La France ne fait pas figure d'exception, avec une chute de plus de 30 % entre 1989 et 2005[2]. Et en Afrique, cette diminution serait de 73 % au cours des cinq dernières décennies[3], ce qui risque d'écorner la natalité du continent actuellement le plus fertile. Même la Chine, le pays le plus peuplé au monde, devrait commencer à voir un rétrécissement de sa population à partir de 2029, à cause d'un taux de fécondité de 1,6 enfant par femme, très bas malgré la fin des restrictions en 2015 qui n'autorisaient qu'un enfant par couple depuis 1979[4].

Non seulement la quantité de spermatozoïdes a diminué, mais aussi leur qualité – ils nagent moins bien et se fatiguent plus rapidement. Selon certains spécialistes, si cette baisse continue au rythme actuel, l'espèce humaine sera infertile dans cinquante ans ! Se pourrait-il qu'avant la fin de ce siècle nous rendions réelles les prédictions du film *Les Fils de l'homme*, où, alors que l'humanité tout entière est stérile, une nouvelle grossesse survient et devient le trésor le plus convoité ?

Pour éviter ce scénario catastrophe, des solutions comme la procréation médicalement assistée (PMA) progressent rapidement. En France, un enfant sur 30 est conçu ainsi, en utilisant la fécondation *in vitro* (FIV) ou l'insémination artificielle[5]. D'ailleurs, en 2020, la PMA a été autorisée pour toutes les femmes (pas seulement les femmes hétérosexuelles en couple) par le Sénat[6]. Mais ces techniques de PMA requièrent des spermatozoïdes, qui risquent de se faire de plus en plus rares dans un futur proche. D'où l'idée de les fabriquer artificiellement…

Le sperme artificiel : la mort du père ?

La vie des spermatozoïdes commence peu après la rencontre entre l'ovule et le spermatozoïde des parents. Cette rencontre donne lieu au zygote, qui se divise ensuite pour former un blastocyste (composé d'une centaine de cellules), qui donnera lieu à l'embryon et au placenta. Environ sept jours après la formation du zygote, le blastocyste s'implante dans la muqueuse recouvrant la paroi interne de l'utérus (nommée endomètre). C'est à ce moment-là que les ancêtres des spermatozoïdes, les cellules germinales, sont créés. Une dizaine d'années plus tard (à partir de la puberté), ces cellules achèveront leur développement, devenant des spermatozoïdes.

Ce long chemin peut être semé d'embûches, autant d'obstacles pouvant altérer le développement de ces nageurs, en diminuant leur quantité et leur qualité. C'est notamment le cas des *perturbateurs endocriniens*, des molécules qui, comme leur nom l'indique, perturbent l'ensemble de l'organisme, y compris le développement des gamètes. Selon une étude espagnole faite chez la souris, l'exposition embryonnaire à ces perturbateurs dérègle l'expression de plus de 2 000 gènes liés au développement des spermatozoïdes[7]. Et un des perturbateurs les plus connus, le bisphénol A, inhibe la production de testostérone (hormone qui joue un rôle important dans la production des spermatozoïdes) dans les testicules du fœtus humain[8]. La production de spermatozoïdes est de plus en plus affectée par ces perturbateurs endocriniens, auxquels s'ajoutent les effets néfastes des métaux lourds et de la radiation (dans le cas, par exemple, d'un traitement contre un cancer).

Pour pallier ce manque, les chercheurs essayent de fabriquer des spermatozoïdes à partir des cellules souches des testicules, des cellules souches embryonnaires et des cellules souches pluripotentes induites, générées en laboratoire à partir de cellules somatiques (c'est-à-dire toutes les cellules du corps mises à part les cellules germinales). L'idée consiste à transformer ces cellules en cellules germinales pour ensuite produire des spermatozoïdes grâce à la méiose (ou double division cellulaire). Mais alors que les cellules souches des testicules sont limitées en nombre (environ 0,03 % des cellules germinales chez un homme adulte)[9] et que les cellules souches embryonnaires sont éthiquement difficiles à utiliser à cette fin, les cellules souches pluripotentes représentent une source presque infinie, parce qu'on peut les cultiver à partir d'un grand nombre de cellules somatiques, et que leur utilisation ne pose pas de problèmes éthiques.

Ces cellules peuvent par exemple provenir des fibroblastes de la peau : les Japonais Kazutoshi Takahashi et Shinya Yamanaka ont montré en 2006 que l'ajout de quelques facteurs de transcription dans le milieu de culture peut rendre ces cellules pluripotentes[10]. Quatre ans après, des chercheurs de Stanford ont réussi à transformer ces cellules pluripotentes en cellules germinales[11]. Le deuxième avantage d'utiliser ces cellules pour produire des gamètes est qu'elles peuvent venir du corps de la personne en question. Si un individu ne peut procréer parce que ses spermatozoïdes ne sont pas suffisamment nombreux, il aura tout de même un lien génétique avec son enfant car la médecine se servira d'autres cellules de son corps pour remplacer ses nageurs fatigués. Plus intéressant encore, cette technique permettrait de produire des spermatozoïdes à partir des cellules somatiques d'une femme, lui permettant de se passer d'un homme donneur de sperme. Plus de papa, plus de tracas ?

En réalité, il faudra encore du temps pour que des bébés naissent grâce à des spermatozoïdes artificiels. Pour le moment, la méthode n'a été appliquée avec succès que chez la souris[12]. Avant tout essai sur l'homme, il convient d'observer et d'étudier les conséquences de cette technologie sur les rongeurs nés selon ce procédé, notamment sur leur stabilité chromosomique et épigénétique. Le but est évidemment de s'assurer que la santé des bébés ne serait en rien altérée. Après avoir prouvé sa sûreté chez les animaux, la recherche s'étendra forcément aux hommes.

Selon les spécialistes, la vraie barrière sera sans doute alors plus éthique que technique. De fait, un feu vert trop précoce des pouvoirs publics pourrait mener à une utilisation non régulée et non vérifiée du sperme artificiel, par des industriels cupides voulant profiter du désespoir des personnes ne pouvant pas avoir d'enfants (comme c'est le cas du marché des traitements aux cellules souches qui a explosé en Chine malgré le peu de preuves scientifiques sur son efficacité).

Pour le moment, le père biologique a encore de beaux jours devant lui. Mais qu'en est-il de la mère ?

Des bébés sans mères

Moins avancé que la recherche autour des spermatozoïdes, le développement d'ovules artificiels fait néanmoins des progrès, bien que d'autres options existent, comme la cryo-préservation d'ovules, qui permet à une femme de garder « au chaud » (ou plutôt « au froid ») ses œufs en attendant le bon moment.

Une première option consiste à fabriquer des ovaires artificiels à partir de structures tridimensionnelles permettant à des cellules souches de s'installer et de générer un ovaire fonctionnel, qui peut ensuite être implanté chez la future mère. Cette structure peut être imprimée en 3D avec des matériaux d'origine biologique, notamment la fibrine et le collagène, comme pour le bioprinting d'organes artificiels (voir chapitre 6). Ce type d'ovaire fonctionnel a déjà été créé et il a même donné lieu à des naissances chez la souris[13].

L'autre possibilité est de créer directement les ovules. Cette méthode, testée chez la souris et chez l'homme, a abouti. L'ovule artificiel de souris a pu être fertilisé et a permis une naissance[14]. De la même façon qu'on a déjà réussi à créer des gamètes mâles à partir de cellules souches venant d'une femme[15], des ovules ont été générés à partir de cellules souches masculines, mais seulement chez la souris[16].

Ces avancées pourraient éradiquer le concept d'infertilité, donnant même la possibilité d'avoir des enfants génétiques à des couples homosexuels (sans parler des personnes qui pourraient décider de faire un enfant avec elles-mêmes !). Cependant, les recherches qui tentent de créer des gamètes artificiels à partir du sexe opposé sont rares, en partie à cause de leur difficulté technique liée aux différences biologiques entre les cellules mâles et femelles (qui nuisent à la méiose)[17].

Outre ces ovules artificiels, d'autres techniques, dont une actuellement validée et mise en œuvre, risquent de mettre de côté l'héritage maternel. Il s'agit du transfert du génome nucléaire (ou remplacement mitochondrial), qui permet de remplacer l'ADN mitochondrial lorsque celui-ci porte des mutations délétères. L'ADN mitochondrial, contenu dans les usines énergétiques de la cellule (les mitochondries), est essentiel à cette production d'énergie. S'il mute, la production est perturbée, causant des problèmes de santé rares, mais souvent handicapants, comme la neuropathie optique de Leber (Lhon), des myopathies ou des surdités[18]. Ces mutations se retrouvent dans environ 1 naissance sur 200, et causent des maladies mitochondriales chez 1 adulte sur 10 000[19]. Pour le moment, il n'y a aucun traitement pour ces maladies héréditaires et la seule chose que l'on peut faire est de trier les embryons lors d'une FIV pour choisir ceux qui présentent le moins de mutations, ce qui fonctionne pour les mutations hétéroplasmiques (qui ne se retrouvent pas dans toutes les copies d'ADN mitochondrial), mais pas pour des mutations homoplasmiques (présentes dans toutes les copies). Cette méthode peut être inefficace même avec des mutations hétéroplasmiques, car un faible niveau de mutations dans l'embryon n'exclut pas la possibilité d'une concentration de ces mutations dans certains tissus, causant la maladie. Donc, la seule vraie possibilité pour une mère atteinte d'une maladie mitochondriale de s'assurer que son enfant ne la développera pas est de ne pas lui transmettre son ADN mitochondrial. C'est possible depuis peu, grâce au transfert nucléaire.

Pour ce faire, on retire le noyau de l'ovule d'une donneuse (sans mutations mitochondriales graves) et on transfère le noyau de l'ovule de la mère dans cet ovule énucléé. Ainsi, le nouvel ovule contient l'ADN nucléaire de la mère et l'ADN mitochondrial de la donneuse, remplaçant (presque) entièrement l'ADN mitochondrial muté de la mère[20]. Cette technique a été approuvée au Royaume-Uni en 2015 et y est utilisée depuis 2017. Le premier être humain né après cette intervention a vu le jour à New York en 2017, bien que la procédure ait été réalisée au Mexique, car la loi américaine interdit encore cette technique[21]. Pourtant, le remplacement mitochondrial pose encore des problèmes. Techniquement, il peut toujours subsister des traces de l'ADN mitochondrial de la mère, donc la probabilité de développer la maladie n'est pas entièrement exclue. En plus, il se peut que ce mélange d'ADN mitochondrial (entre celui de la mère et celui de la donneuse) entraîne des problèmes neurologiques[22]. Éthiquement, certains experts voient ce procédé comme une façon d'effacer la lignée génétique maternelle.

L'ADN mitochondrial est transmis uniquement par la mère et nous permet de tracer aisément la lignée maternelle d'une personne. En effet, puisque le père ne transmet pas son ADN mitochondrial, cet ADN est passé de génération en génération uniquement par les mères. Donc, mon ADN mitochondrial est le même que celui de la mère de la mère de la mère de ma mère… (à quelques mutations près). Le supprimer équivaut donc à effacer cet héritage ancestral. « Le problème principal de cette technique est qu'elle donne plus de valeur à l'ADN nucléaire qu'à l'ADN mitochondrial, comme si la personne apportant son ADN mitochondrial était moins importante. Et il se trouve que cette personne est la mère, explique Françoise Baylis. Cela efface d'un trait l'histoire génétique maternelle. »

Pourtant, le transfert nucléaire a été développé précisément pour aider les femmes souffrant de maladies mitochondriales à avoir des enfants en bonne santé. Pour aller plus loin, cette technique pourrait même permettre aux couples de lesbiennes de transmettre leur histoire génétique à leur enfant (l'ADN nucléaire pour l'une, l'ADN mitochondrial pour l'autre, le tout dans le même ovule). Un sujet contre lequel la bioéthicienne canadienne s'est exprimée dans un article publié en 2018 dans le *Journal of Medical Ethics* : « On ne doit pas mélanger "volonté" et "nécessité" ou "droit". J'insiste sur le fait qu'il n'y a aucun droit à la parentalité biologique, il n'y a aucun besoin irréfutable de recourir au transfert du génome nucléaire chez les humains pour satisfaire un prétendu besoin d'avoir des enfants génétiquement liés[23]. »

Donc, dans la pratique nous faisons déjà des manipulations qui modifient l'héritage génétique des futurs bébés, bien que ces modifications ne soient pas aussi ciblées qu'avec CRISPR et ne concernent pour le moment que l'ADN mitochondrial. Mais nous ne pouvons pas encore nous passer vraiment des parents biologiques : sans leurs gamètes, nous ne savons pas encore concevoir des nouveau-nés.

Ou peut-être que si… grâce à une avancée très récente qui pourrait chambouler entièrement la reproduction humaine, éradiquant à jamais le besoin de père et de mère ! Mesdames, messieurs, voici l'embryon artificiel !

Des embryons sans spermatozoïde ni ovule

Dans la biologie humaine, il y a peu d'aspects encore aussi méconnus que le développement embryonnaire. L'embryon humain est tout petit, il change très rapidement, il est difficilement observable *in vivo*, et des barrières éthiques limitent son étude *in vitro*. Donc, pour le moment, c'est principalement chez les animaux (la souris, par exemple) qu'on étudie ce processus, mais ces connaissances ne sont pas facilement transposables à l'être humain.

C'est pour cette raison que plusieurs chercheurs se sont mis en quête du graal reproductif, l'embryon artificiel, qu'on pourra faire pousser à volonté pour ensuite l'étudier sous toutes les coutures. On pourrait même le modifier pour fabriquer des modèles de maladies humaines qui touchent au développement embryonnaire… ou pour voir empiriquement ce que des modifications génétiques donneraient chez l'être humain, avant d'intervenir sur de vrais embryons.

L'année 2021 a vu la naissance des premiers embryons artificiels humains, annoncée par deux études issues des deux extrémités du globe (États-Unis et Australie), mais publiées le même jour (le 17 mars) dans le même journal (*Nature*)[24].

Ces embryons fabriqués sans spermatozoïdes ni ovules ont été générés à partir de cellules souches (embryonnaires ou pluripotentes induites), grâce à des conditions de culture qui ont permis à ces cellules de se prendre pour des cellules embryonnaires et d'imiter le développement normal des embryons humains.

Vous vous souvenez du blastocyste, cette structure issue de la rencontre d'un ovule et d'un spermatozoïde ? Cette structure se compose d'une couche extérieure (le trophectoderme, qui donnera le placenta) et d'une cavité intérieure contenant un groupe de cellules, les cellules de la masse interne, qui donneront l'embryon. Ces cellules de la masse interne vont ensuite se différencier en épiblaste et hypoblaste, qui formeront l'ectoderme, le mésoderme et l'endoderme de l'embryon, ainsi que la vésicule vitelline qui va le nourrir en attendant que le placenta se développe. Des chercheurs hollandais avaient déjà réussi à imiter la formation du blastocyste chez la souris en 2018[25]. Ils ont été suivis, quelques mois plus tard, par une équipe américaine[26], dont faisait partie le scientifique chinois Jun Wu, chercheur prolifique qui s'était déjà intéressé aux animaux chimères, à l'édition génétique avec CRISPR et au remplacement mitochondrial[27]. C'est donc un peu sans surprise qu'on le retrouve à la tête d'une des équipes ayant réussi à générer l'embryon humain artificiel, connu aussi sous le nom de *blastoïde*.

« Plusieurs équipes avaient déjà tenté de mettre au point des embryons artificiels sans réussir à avoir toutes les lignées cellulaires nécessaires. Nous avons compris que la clé était les cellules de départ, il fallait qu'elles ressemblent le plus possible aux cellules embryonnaires dites "naïves", présentes dans les étapes précoces du développement », nous explique Jun Wu, actuellement directeur de laboratoire au Southwestern Medical School de l'université du Texas (États-Unis). Ces cellules souches naïves ont la capacité de créer toutes les lignées cellulaires qui forment un blastocyste. Pour les générer, l'équipe de Jun Wu a utilisé des cellules souches embryonnaires et des cellules souches pluripotentes induites issues de fibroblastes de la peau. « Avec les deux types de cellules de base nous avons eu les mêmes résultats, ce qui veut dire que les cellules pluripotentes induites peuvent vraiment remplacer les cellules embryonnaires, ce qui ouvre plusieurs portes parce qu'on peut obtenir ces cellules de n'importe qui, nous permettant d'étudier certaines maladies, par exemple. »

Ces faux embryons se sont développés au bout de 7 à 10 jours de culture, avec une efficacité d'environ 20 %, donnant des structures de la même taille et de la même forme que les blastocystes, avec un nombre de cellules similaires, qui imitaient l'organisation spatiale des cellules embryonnaires dans les vrais embryons. Ces blastoïdes réussissent même à s'accrocher aux boîtes de culture et à générer une structure similaire à celle de la cavité pro-amniotique (qui donne le sac amniotique où l'embryon se développe), laissant penser qu'ils arriveraient à s'implanter dans un utérus.

Mais bien qu'ils ressemblent à s'y méprendre à des blastocystes, pour Jun Wu, ces faux embryons ne pourront pas servir à faciliter une reproduction humaine à la demande, sans père ni mère (du moins à court terme). « Les blastoïdes imitent les blastocystes, mais ne sont pas pareils pour autant, révèle-t-il. Ils ne sont pas générés de la même façon, ce qui peut se refléter dans leur expression génétique, et nous y avons trouvé des lignes cellulaires absentes dans les blastocystes, qui ont peut-être été produites par les conditions de culture utilisées. Et puis leur efficacité pour se développer lors des étapes plus tardives du développement embryonnaire est moindre. Ces blastoïdes peuvent donc mimer certains aspects des blastocystes, mais ne pourront pas les remplacer. »

En revanche, ces blastoïdes pourraient s'avérer très utiles pour mieux observer le développement embryonnaire : « Il y a encore beaucoup de choses qu'on ne comprend pas au sujet du développement de l'embryon et le but des blastoïdes est de nous aider à remplir ces vides », assure-t-il. Cependant, il y a encore du chemin à faire avant de pouvoir utiliser ces blastoïdes, car l'efficacité est encore basse et le temps de production relativement long (7-10 jours, contre 2 à 3 pour les blastocystes). Et pour le moment, ces faux embryons ne parviennent pas à survivre plus de quelques jours.

« Je ne veux pas spéculer sur ce qu'on pourrait faire dans le futur avec des embryons artificiels, esquive Jun Wu. Il faudrait un grand débat international pour savoir pendant combien de temps on devrait les cultiver, car ce type de recherche doit être guidé en amont. »

Au moment de cet entretien, le débat sur la durée maximale d'utilisation d'embryons humains en laboratoire (artificiels ou non) était à son apogée. Cette limite était fixée à 14 jours depuis 1979, pour éviter toute dérive, car avant ce stade l'embryon n'a pas encore commencé à prendre la forme d'un fœtus et la formation du système nerveux central n'a pas débuté. Ces 14 jours étaient très bien respectés au niveau international, à tel point que certains pays les avaient même inscrits dans leurs lois (c'est le cas de la France avec sa toute nouvelle loi de bioéthique, votée le 29 juin 2021[28]). Mais le 26 mai 2021 (deux mois après l'interview de Jun Wu), la Société internationale pour la recherche sur les cellules souches (ISSCR, pour International Society for Stem Cell Research), organisme qui dicte les recommandations concernant ces sujets, a effacé cette limite[29].

« Cette limite cherchait à rassurer. Une partie de la société et de la communauté scientifique voulait aller de l'avant dans la recherche sur les embryons, mais d'autres pensaient qu'on ne devait faire sur lui aucune expérience. La limite de 14 jours était un compromis entre ces deux visions, rappelle Françoise Baylis dans un article de Sciences et Avenir[30]. Même s'il y avait quelques arguments scientifiques, comme l'apparition des premiers signes de formation du système nerveux central, cette limite était arbitraire. Elle a toujours été arbitraire, mais elle ne posait de problème à personne, car techniquement on ne pouvait pas espérer la franchir… jusqu'à ce que les scientifiques réussissent à cultiver l'embryon en laboratoire pendant 14 jours. C'est là qu'elle est devenue une vraie limite. »

L'effacement de cette barrière pose de vraies questions éthiques, selon Françoise Baylis, car elle n'a été remplacée par aucune autre limite. Au contraire, l'ISSCR se contente désormais de demander à chaque pays de déterminer la durée maximale à imposer pour chaque recherche, créant un flou qui pourrait mener à une flexibilisation de ces recherches. « On ne sait pas ce qui peut survenir après ces 14 jours ! Pour les pays possédant une législation à ce sujet, c'est-à-dire tous ceux qui ont les compétences pour mener ces recherches, il n'y aura pas d'impact immédiat. Mais les chercheurs pourront utiliser ces nouvelles recommandations pour demander une législation plus souple afin de rester compétitifs face aux pays qui repoussent ces limites en premier. Dans ce contexte, il est fort possible que dans certains pays la seule limite devienne technique. »

Au-delà des questionnements éthiques, repousser cette limite pourrait permettre d'étudier en profondeur le développement embryonnaire, en faisant « pousser » des embryons en dehors de l'utérus pour mieux l'observer. Ce qui implique aussi la possibilité de faire grandir des embryons et des fœtus en laboratoire, une technique nommée *ectogenèse,* sur laquelle plusieurs équipes travaillent déjà.

Les bébés en bouteille

L'ectogenèse n'est pas qu'un fantasme. En fait, on l'utilise déjà. C'est le cas par exemple des couveuses qui permettent aux prématurés de se développer à l'extérieur de l'utérus de leurs mères. Mais pour le moment, cette technique est réservée aux bébés de plus de 22 semaines de grossesse – sans certitude de résultats car ils ont de faibles chances de survie, et ceux qui s'en sortent risquent de présenter des séquelles à vie, notamment en matière d'apprentissage et de troubles visuels et auditifs. L'objectif principal des recherches actuelles en ectogenèse est donc d'améliorer cette technique, en reproduisant des conditions toujours plus proches de celles d'un utérus pour permettre aux bébés très prématurés de survivre et de se développer comme à l'intérieur de celui-ci.

Une des premières tentatives d'ectogenèse a été réalisée en 1992 par le gynécologue japonais Yoshinori Kuwabara, qui a placé un fœtus de chèvre de 120 jours de grossesse (équivalent à environ 24 semaines chez l'être humain) dans un sac en caoutchouc rempli d'une substance imitant le liquide amniotique, maintenue à 39,5 °C. Ce fœtus était nourri via un cathéter avec du sang fœtal, enrichi de nutriments et d'oxygène. Le chevreau est né après 17 jours dans cet utérus artificiel[31]. Plus récemment, en 2017, des chercheurs de l'hôpital pédiatrique de Philadelphie (États-Unis) ont réussi à faire survivre des agneaux pendant quatre semaines à l'intérieur de sacs transparents, nommés des « biobags » (ou sacs biologiques)[32]. Ces agneaux, qui avaient l'équivalent de 23 semaines pour un bébé humain, ont été extraits de leurs mères par césarienne pour ensuite être introduits dans ces sacs plastiques, où ils flottaient dans du liquide amniotique, nourris par leur cordon ombilical avec du sang oxygéné et enrichi en nutriments. Ainsi, les agneaux se sont développés normalement jusqu'à la naissance, avec une fonction pulmonaire équivalente à celle des agneaux nés naturellement.

Bien que ces expériences n'aient pas encore été reportées chez l'humain, ces avancées ne sauraient tarder. La recherche sur l'utérus artificiel avance rapidement et pourrait vite montrer des premiers résultats. Un des projets phares est celui de l'équipe hollandaise de Frans van de Vosse, Loe Feijs et Guid Oei, de l'université de technologie d'Eindhoven[33]. Grâce à un gigantesque financement de l'Union européenne (près de 3 millions d'euros), cette équipe développe un utérus artificiel pour bébés prématurés humains qui pourrait bientôt remplacer les couveuses.

Dans ce faux utérus, le bébé flottera dans une imitation du liquide amniotique, connecté par son cordon ombilical à un placenta artificiel qui l'approvisionnera en nutriments et en oxygène. Des stimuli extérieurs (comme le battement du cœur de la mère) seront imités pour recréer au plus près l'expérience intra-utérine. Les signaux vitaux de l'enfant seront suivis en continu grâce à des détecteurs qui analyseront son pouls, son oxygénation et son activité musculaire et cérébrale.

Il est prévu que ces utérus artificiels soient testés avec des poupées comportant des détecteurs pour savoir en amont ce que les vrais bébés vivront à l'intérieur de cette nouvelle maison. Les chercheurs pensent que le dispositif sera prêt vers 2024. « Si on peut soutenir la croissance et la maturation des organes pendant quelques semaines, on peut énormément améliorer les chances de survie des bébés extrêmement prématurés », expliquait à *The Guardian* le chercheur Alan Flake, créateur des biobags de l'hôpital pédiatrique de Philadelphie. Selon lui, il est pourtant illusoire d'espérer pouvoir produire des bébés entièrement à l'extérieur de l'utérus[34]. Même si l'on peut, à terme, remplacer l'utérus lors des dernières étapes du développement fœtal, c'est inconcevable au début d'une grossesse. Les bébés créés et développés dans des tubes à essais, comme dans le célèbre *Meilleur des mondes* d'Aldous Huxley, resteront de la science-fiction. Sauf que…

Sauf que la porte fictive qui mène vers le Centre d'incubation et de conditionnement de Londres-Central, qui semblait blindée jusqu'alors, vient d'être ouverte d'un seul coup, laissant apercevoir au loin les flacons contenant les Alphas et les Epsilons du futur. Grâce à une étude israélienne parue en mars 2021 dans *Nature*, le développement embryonnaire précoce *ex utero* pourrait bien dépasser le stade du fantasme littéraire d'Aldous Huxley. Après quelques échecs, les chercheurs en question ont réussi l'exploit de faire « pousser » des embryons de souris dans des bouteilles rotatives, et ce jusqu'à la moitié de leur temps normal de gestation

(20 jours), quand les membres inférieurs commencent à prendre forme et que tous les principaux organes sont déjà en place[35].

« Les pièces du puzzle étaient là, on les a juste assemblées », nous confie avec modestie le chercheur mexicain Alejandro Aguilera, doctorant à l'institut Weizmann des sciences en Israël et premier auteur de l'étude. « La clé a été de contrôler la pression de l'oxygène et du CO2, et d'adapter les niveaux d'oxygène et de glucose à chaque étape du processus, pour être au plus près du développement normal », révèle-t-il. Pour cela, l'embryon (prélevé chez une souris pleine, avant l'implantation) a d'abord été placé dans des boîtes de culture (jusqu'au jour 8 du développement), pour ensuite être transféré dans ces bouteilles rotatives, dont le mouvement empêchait l'embryon de se coller aux parois, tout en mélangeant le milieu de culture pour maintenir les bonnes concentrations d'oxygène et de nutriments. Ce mécanisme a permis de garder en vie pendant 3 jours supplémentaires les embryons, qui ont ainsi atteint la même taille et la même morphologie que des embryons *in utero* au même stade de développement.

« Passer à la culture rotative a été très important, mais cela fonctionne jusqu'à un certain moment seulement. Jusqu'à une certaine taille, les nutriments et l'oxygène entrent dans l'embryon par osmose, mais quand l'embryon devient trop grand, ces éléments n'arrivent plus jusqu'aux organes internes, avoue-t-il. Pour la suite, il faudrait un système imitant le cordon ombilical et le placenta pour nourrir l'embryon. » En effet, ces embryons meurent après le quatrième jour dans ces bouteilles (donc après 11 jours de gestation), et augmenter la pression de l'oxygène pour le forcer à rentrer dans les organes ne fait gagner qu'une journée, au prix d'un potentiel endommagement des organes à cause de cette haute pression.

Le prochain défi est donc de trouver une méthode fonctionnelle d'ectogenèse pour les étapes intermédiaires du développement embryonnaire, une quête qui s'annonce très compliquée : « Pour le moment, des chercheurs développent des méthodes d'ectogenèse pour les périodes précoces (comme la nôtre) et pour les périodes tardives (pour les bébés prématurés), mais, à ma connaissance, personne ne travaille encore sur les étapes intermédiaires, admet Alejandro Aguilera. Il y a des difficultés techniques, comme créer le placenta ou parvenir à connecter un cordon ombilical sur un embryon d'une si petite taille, et des vides théoriques ; on ignore encore énormément de choses sur le développement embryonnaire. Par exemple, la composition de l'intérieur du placenta reste relativement obscure : même le microbiote de la mère y jouerait un rôle ! Il va falloir quelques décennies à la science pour découvrir tout cela et aboutir à une vraie ectogenèse complète, jusqu'à la naissance… »

En attendant, leur système permettra d'observer en temps réel le développement des embryons pour combler certains de ces vides théoriques. Alejandro et son équipe (dirigée par le chercheur Jacob Hanna) tentent maintenant d'utiliser des embryons artificiels (comme ceux développés par Jun Wu), qu'ils pourraient cultiver plus facilement afin de multiplier les expériences. Une d'entre elles, incluse dans la publication de 2021, a été de manipuler génétiquement les embryons en introduisant un gène produisant une fluorescence (EFGP), témoin de la propagation de l'expression de ce gène.

Mais même si l'ectogenèse est loin d'être au point pour l'utilisation humaine, de nombreuses voix s'élèvent déjà pour chanter les louanges de cette technologie, ou pour la condamner. Côté pile, certains soutiennent que l'ectogenèse permettrait aux femmes de se libérer du lourd fardeau de la maternité, facilitant une plus grande équité entre hommes et femmes, tout en éradiquant à jamais les problèmes d'infertilité. Côté face, d'autres dénoncent les risques d'expérimentations sur les embryons humains, exposant de vrais bébés à de potentielles conséquences négatives lourdes. L'un justifie-t-il l'autre ?

Ce qu'on pourrait faire et ce qu'on devrait faire

« Malgré les avancées médicales, nous n'avons pas réussi à éradiquer totalement la mortalité maternelle causée par les complications liées à la grossesse et à l'accouchement », regrette Evie Kendal, bioéthicienne à l'université Deakin en Australie. Selon l'OMS, 830 femmes en meurent chaque jour, principalement dans les pays en développement[36]. Mais les pays développés subissent encore ce fléau. En France, ce sont près de 100 femmes qui meurent chaque année, selon un rapport de Santé publique France datant de 2017[37]. « Ce risque pourrait être évité grâce à l'ectogenèse, ainsi que les autres conséquences d'une grossesse sur la santé des mères, comme le diabète gestationnel, l'impact psychologique de la grossesse, et même la violence domestique, qui commence souvent quand la femme tombe enceinte », poursuit-elle.

Pour cette bioéthicienne, l'utérus artificiel pourrait être le levier pour atteindre, enfin, l'égalité homme-femme, en évitant tout risque sanitaire mais aussi en changeant à jamais notre vision de la parentalité : « Après la naissance, la femme prend souvent un congé pour se rétablir de l'accouchement. Mais une fois qu'elle a fait cela, l'écart entre le père et la mère commence à se creuser, car il deviendra plus simple pour le couple que la mère reste en congé pour s'occuper de l'enfant pendant que le père travaille. Et cela se voit même dans les couples qui avaient décidé en amont de partager équitablement la responsabilité de la parentalité, nous apprend-elle. S'il n'y a plus d'accouchement, il n'y a plus besoin pour la femme de prendre davantage de congés que l'homme, ce qui peut-être nous mènerait à une réflexion plus critique des rôles parentaux. »

Pour autant, cet avis n'est pas partagé par tous. « Atteindre l'égalité en enlevant la maternité équivaut à dire que la position de l'homme dans la société est la bonne et que la femme devrait l'imiter, réplique Teresa Baron, bioéthicienne du laboratoire de recherche interdisciplinaire de l'Institut de philosophie de l'Académie tchèque des sciences. C'est une manière d'éviter de regarder en face l'inégalité dans la parentalité et les tâches ménagères, et de ne pas avoir à trouver une vraie solution pour créer plus d'équité dans le couple. »

Pour Teresa Baron, il faudrait d'abord s'attaquer aux raisons sociales de cette inégalité, comme la semaine de travail de 40 heures qui ne permet aucune flexibilité aux parents pour tenter une approche plus égalitaire de la parentalité. « On serait en train de déléguer le problème sans vraiment le résoudre, parce que de toute façon il est probable que cette technologie ne sera pas disponible pour tout le monde, donc les inégalités risquent de s'accentuer dans certaines couches de la société, tout en créant une discrimination contre ceux qui auraient leurs enfants naturellement (par choix ou par impossibilité économique). » Un point sur lequel Evie Kendal est d'accord, affirmant dans un article de *The Conversation* que malgré le potentiel de cette technologie pour résoudre certains de ces problèmes il est urgent de s'en occuper dès maintenant, en améliorant les services de santé autour de la maternité, en créant une plus grande équité homme-femme dans le monde du travail et en réduisant les facteurs socio-économiques qui impactent la santé des bébés et de leurs mères[38].

Excepté la question de l'égalité homme-femme, l'ectogenèse pourrait créer une autre sorte d'égalité, notamment entre les personnes ayant ou n'ayant pas d'utérus fonctionnel : « L'ectogenèse ouvrirait la possibilité d'avoir des enfants biologiques à des femmes qui ont perdu leur utérus (à cause du cancer, par exemple), ainsi qu'aux femmes transgenres ou aux couples homosexuels mâles (qui n'ont donc pas d'utérus), sans devoir passer par des mères porteuses », avance Evie Kendal. Cette technique, appelée *gestation pour autrui* (GPA), est interdite en France, mais autorisée dans des nombreux pays. Et dans certains d'entre eux (comme dans quelques États des États-Unis ou la Russie), les mères porteuses peuvent recevoir une compensation monétaire pour ce service, créant un commerce dont le produit est l'utérus d'une femme. « Soit seules les femmes riches auront accès à l'ectogenèse, creusant les différences entre riches et pauvres, soit elle sera disponible pour tout le monde. Et à ce moment-là, il est possible que les couples riches se mettent à vouloir des enfants "bio", produits dans de vrais utérus, remettant au goût du jour les mères porteuses », alerte Teresa Baron. « Il est certain que l'ectogenèse ne pourra pas éradiquer le problème de l'exploitation de mères porteuses, convient Evie Kendal. Mais cette technique aiderait à réduire son impact. La seule façon de vraiment éliminer ce problème est de rendre illégale la GPA partout, mais ça, c'est un autre débat. »

Finalement, l'utérus artificiel pourrait parvenir à réconcilier les anti-avortement et les pro-choix. Il permettrait aux femmes ne désirant pas poursuivre leur grossesse de se défaire de leur embryon/fœtus/bébé sans devoir passer par un avortement (lourd psychologiquement). Au contraire, il s'agirait plutôt d'une « adoption précoce », où l'enfant continuerait à se développer *ex utero* jusqu'à la naissance, quand il serait reçu par ses nouveaux parents adoptifs.

« Le poids moral de l'avortement (notamment à cause des croyances religieuses) peut obliger certaines femmes à poursuivre une grossesse non désirée. L'ectogenèse pourrait leur offrir une alternative convenable », prévoit Evie Kendal, qui ne cache pas son soutien à cette technologie.

Cependant, comme nous l'avons vu, il reste encore beaucoup d'obstacles à franchir pour que l'utérus artificiel soit viable chez l'humain, notamment sa mise au point, qui nécessiterait des embryons cobayes. Mais pour cette bioéthicienne australienne, ces problèmes éthiques vont se résoudre d'eux-mêmes avec l'avancée des recherches. « Pour le moment, nous pouvons seulement aider les bébés prématurés, mais on va essayer de remonter plus tôt dans le développement. Et en même temps, des chercheurs tentent de dépasser la limite de 14 jours, ce qui deviendra peut-être légalement faisable prochainement. Je pense qu'au bout d'un moment ces deux types de recherches (sur les étapes précoces et les étapes tardives du développement embryonnaire) vont finir par se rejoindre au milieu, permettant des gestations complètes par ectogenèse. »

Un point sur lequel les deux bioéthiciennes diffèrent profondément, car pour Teresa Baron la recherche en avant (à partir des étapes précoces) ne peut se justifier éthiquement : « Utiliser l'ectogenèse pour des bébés prématurés est tout à fait justifiable, car il s'agit de sauver une vie, mais nous ne pouvons pas l'utiliser pour des embryons, car cela équivaudrait à mener des expériences sur des êtres humains sans leur demander leur consentement. On serait en train de créer des patients, des personnes qui subiront de possibles conséquences négatives de cette technologie (au moins pendant l'étape de mise au point). Les raisons pour faire de telles expériences devraient être vraiment considérables pour que cela devienne justifiable. Et on ne peut pas dire que la raison est le bien-être du bébé, car ce bébé n'existe pas encore. La seule vraie raison est donc l'envie d'un couple infertile d'avoir un enfant génétiquement lié, ce qui ne saurait pas justifier l'expérimentation sur des embryons. C'est très triste de ne pas pouvoir avoir d'enfant, mais il y a d'autres options aux moindres conséquences éthiques, comme l'adoption. Mais malheureusement, nous vivons dans une société pronataliste, qui donne une importance disproportionnée au fait d'avoir des enfants et nous pousse à réfléchir en termes de ce qu'on pourrait faire, au lieu de ce qu'on devrait faire », achève-t-elle.

Qu'on soit pour ou qu'on soit contre, la généralisation des technologies reproductives comme les spermatozoïdes, ovules, embryons ou utérus humains artificiels n'est pas pour demain. En attendant de pouvoir modeler les prochaines générations à notre guise, si on s'occupait des générations actuelles, en leur permettant de vivre en meilleure santé plus longtemps ? Par exemple, en éliminant la maladie la plus répandue de toutes : la vieillesse.

Troisième partie

Vaincre la vieillesse et atteindre l'immortalité

Les fermes à organes

Les avancées scientifiques et médicales des derniers siècles ont réussi à multiplier par trois l'espérance de vie des Français, passant d'environ 25 ans en 1740 à 85 ans pour les femmes et 79 ans pour les hommes en 2019[1]. Mais ce bond phénoménal a fortement augmenté la probabilité qu'un de nos organes vitaux cesse un jour de fonctionner, notamment les reins, le foie et le cœur. Aujourd'hui, les maladies cardiovasculaires représentent la deuxième cause médicale de mortalité en France, après les cancers[2] (un décès sur quatre). Il est donc logique que le cœur soit l'un des premiers organes que l'homme ait essayé de produire artificiellement.

Des battements en plastique

Bien évidemment, la première option pour les personnes ayant besoin d'un cœur est toujours la greffe, mais ces dernières sont bien plus nombreuses que les accidentés de la route pouvant être donneurs. D'où la nécessité de fabriquer cet organe vital.

Le premier cœur artificiel a été implanté, temporairement, à l'Américaine Cecelia Bavolek en 1954. Pendant que le chirurgien opérait son vrai cœur, elle a été connectée à cet organe artificiel pendant vingt-six minutes, jusqu'au moment où son sang a commencé à coaguler dans la machine. Déconnectée en urgence, elle a survécu, contrairement aux deux patients suivants sur qui cette technique a été utilisée[3]. Cela n'a pas empêché le développement de ces cœurs de rechange, qui sont devenus de plus en plus performants. En 1982, le dentiste américain Barney B. Clark a réussi à vivre 112 jours avec un faux cœur implanté dans la poitrine, pour finalement mourir de complications rénales et d'infections causées par l'appareil[4].

Du fait des difficultés à imiter et à implanter un organe entier, la recherche s'est focalisée sur des options moins complexes telles que les dispositifs d'assistance ventriculaire, qui ne remplacent que le ventricule gauche du cœur, chargé d'envoyer le sang dans le reste du corps – ils l'envoient en continu, et non par à-coups, comme le cœur le fait, ce qui a pour conséquence que les patients concernés n'ont plus de pouls ! La batterie de ces appareils est située à l'extérieur du corps, connectée au dispositif par un câble qui traverse la peau (un risque d'infection supplémentaire). Ils peuvent aussi générer des caillots de sang, potentielles sources de thromboses.

Les dispositifs d'assistance ventriculaire ne se substituent qu'au ventricule gauche et sont donc par définition insuffisants quand le ventricule droit est aussi endommagé. « C'est un des problèmes pour le développement des organes artificiels : on peut facilement remplacer une fonction d'un organe, mais il est bien plus difficile de le faire pour toutes ses fonctions, nous éclaire Rosario Sánchez Pernaute, chercheuse espagnole spécialisée dans les transplants et les cellules souches. On pourrait rassembler plusieurs petites machines pour reproduire plusieurs fonctions, mais il resterait encore la difficulté d'intégrer cet appareil à l'organisme, pour qu'il adapte ces fonctions aux besoins physiologiques de la personne. »

Ce sont là deux obstacles qu'une compagnie française est parvenue à surmonter en 2020. Carmat, entreprise biomédicale fondée par le chirurgien cardiaque Alain Carpentier en 2008, a réussi à développer un cœur artificiel qui reproduit les fonctions des deux ventricules du cœur et dont l'activité s'autorégule sur celle du patient. Ce cœur est composé de deux ventricules aux membranes biocompatibles (pour éviter la formation de caillots de sang), faites de péricarde (le tissu qui entoure le cœur) de veau. Ces ventricules sont encapsulés dans un sac rempli d'huile de silicone. Deux pompes motrices basculent cette huile de droite à gauche, exerçant une pression sur chacun des ventricules pour qu'ils envoient le sang dans le corps (ventricule gauche) ou les poumons (ventricule droit) à tour de rôle, recréant les battements caractéristiques du cœur. Le tout est rassemblé dans une armature en plastique dur qui reprend la forme du cœur humain. Le débit de ce cœur artificiel se régule automatiquement en fonction de l'activité du patient, grâce à des détecteurs qui l'augmentent ou le baissent selon la pression sanguine qu'ils captent (plus élevée lorsque la personne fait un effort physique)[5].

Le cœur Carmat a obtenu le marquage CE en décembre 2020 et a été officiellement acheté par un premier patient le 19 juillet 2021, un Italien en attente d'une greffe[6]. Néanmoins, l'impact réel à long terme de ce cœur reste à déterminer. Comme les dispositifs d'assistance ventriculaire, il fonctionne grâce à une batterie externe, connectée à un câble traversant la peau, ce qui peut entraîner, nous l'avons vu, des risques d'infection. Sa sécurité reste encore à prouver. Lors des essais cliniques préliminaires, cinq patients munis de ce cœur sont décédés (plus d'un mois après l'implantation, ce qui était un des objectifs de l'essai), le deuxième essai (nommé Pivot) n'est pas encore terminé et le troisième (sur 52 patients) n'a pas encore débuté[7]. Pour l'instant, la validation de la Commission européenne ne permet pas à Carmat d'implanter son cœur artificiel de manière permanente, mais seulement de s'en servir comme solution temporaire pour allonger l'espérance de vie des patients en attente de greffon. De plus, l'accessibilité du dispositif est discutable car, aujourd'hui, son prix unitaire s'élève à 150 000 euros et il n'est pas encore certain qu'il sera remboursé par la Sécurité sociale.

Comme nous l'avons vu, il est encore très difficile (voire impossible) d'imiter correctement toute la complexité du corps humain, c'est la raison pour laquelle ces organes artificiels demeurent pour l'instant des options que l'on active dans de rares cas seulement : « Il est possible que la recherche progresse vite pour les organes simples (comme le cœur), mais ce sera bien plus compliqué avec des organes plus complexes, précise Rosario Sánchez. D'autant qu'on ne peut pas réduire la taille de ces appareils d'une façon illimitée. Comme pour les batteries des téléphones portables, on est arrivé à une limite qu'il est difficile de franchir avec les matériaux disponibles actuellement. »

Et si on changeait de matériaux ? Si l'on tentait de reproduire nos organes en utilisant nos propres cellules plutôt que du métal et du plastique ?

Des imprimantes à organes

Avec le développement des cellules souches, l'hypothèse de pouvoir produire des organes à partir de cellules semble de plus en plus probable : « Pour le moment, il y a deux façons de procéder. Soit on ajoute des cellules souches à un organe *in vivo* pour qu'il se régénère plus rapidement. Soit on essaye de créer tout l'organe *ex vivo* en utilisant la structure d'un organe d'origine animale. La technique est d'en ôter toutes les cellules et de les remplacer par des cellules humaines », explique Raj Aravalli, expert en régénération du foie à l'université du Minnesota (États-Unis).

Les premières tentatives de fabrication d'un organe en laboratoire à partir de cellules souches ou de cellules multipotentes ont abouti à la création d'organoïdes (versions simplifiées d'un organe) qui sont encore loin d'être matures. Ils ressemblent pour l'instant aux organes tels qu'ils sont lors de la phase fœtale et sont incapables de développer les vaisseaux sanguins et les connexions nerveuses nécessaires à un fonctionnement *in vivo*. « Pour le moment, la technologie pour fabriquer des organes en laboratoire n'est pas encore disponible, on arrive à créer des mini-organes, mais il est beaucoup plus ardu de les concevoir à taille humaine, ajoute Rosario Sánchez. Mais la *décellularisation* peut être une bonne option pour donner à ces organes fabriqués la structure dont ils ont besoin. »

Lors de cette décellularisation, les organes sont « nettoyés » de toute cellule afin de ne pas activer la réponse immunitaire de l'organisme receveur. En revanche, leurs tissus conservent les protéines structurales, telles que le collagène et l'élastine, qui donnent sa forme à la matrice extracellulaire de l'organe, ainsi que les protéines spécialisées (fibrilline, fibronectine ou laminine), qui permettent aux nouvelles cellules d'adhérer à cette structure et de s'y multiplier. Ainsi, cette armature d'organe garde ses propriétés mécaniques, sa structure tridimensionnelle et sa vascularisation. Et grâce aux molécules encore présentes, les cellules qui y seront injectées sauront où s'installer et comment se développer pour la coloniser tout en respectant l'organisation des divers types cellulaires dans l'organe.

Avec le temps, les protéines de cette structure seront dégradées et remplacées par des protéines produites par les nouvelles cellules, donnant un organe entièrement humain[8]. La décellularisation est donc une technique au potentiel énorme, mais pour le moment aucun organe produit de cette manière n'a été implanté dans un être vivant. Selon les experts, dont Giuseppe Orlando, spécialiste en transplantation à l'université Wake Forest (États-Unis), la probabilité de réussir à le faire dans les dix prochaines années est faible. Principalement, à cause de notre manque de connaissances approfondies des mécanismes qui guident le développement et la régénération d'un organe, en plus de la difficulté de décellulariser un organe sans l'abîmer[9].

Le *bioprinting*, qui consiste à imprimer la structure tridimensionnelle d'un organe, se présente comme une option alternative à la décellularisation. Il en contourne les difficultés, tout en créant des organes sur mesure, beaucoup mieux adaptés au corps de la personne receveuse. Cette méthode repose sur la technologie de l'impression en 3D, qui, comme nous l'avons vu précédemment, permet aujourd'hui (grâce à l'imagerie médicale, à la radiographie, à l'échographie et à la résonance magnétique) d'imprimer des bras artificiels sur mesure, comme le Hero Arm. Comme ces bras, la structure des organes imprimés peut être parfaitement conforme à l'anatomie du patient. Mais au lieu d'utiliser du plastique, l'imprimante fonctionne avec des encres d'origines biologiques, comme le collagène ou la fibrine, a priori compatibles avec l'organisme du patient. Ces technologies d'impression en 3D sont de moins en moins onéreuses, donc il est tout à fait possible que, dans un futur proche, des machines de *bioprinting* fassent partie de l'arsenal des chirurgiens. Ces derniers pourraient par exemple imprimer un tissu simple en quelques minutes, en plein milieu d'une intervention, pour l'implanter dans la foulée au patient.

Certaines équipes de chercheurs ont déjà réussi à imprimer des tissus simples, comme du cartilage ou du tissu osseux pour des cobayes animaux, mais les difficultés surviennent lorsqu'elles s'essaient à des organes plus complexes. Pour le moment, les imprimantes en 3D ne peuvent pas aller au-dessous de 2 micromètres, rendant quasi impossible la reproduction de toute structure microscopique, comme celle des vaisseaux sanguins qui irrigueront l'organe. Mais si ces obstacles techniques parviennent à être levés, le *bioprinting* pourrait représenter une vraie révolution en médecine.

En attendant qu'elle puisse produire des transplants, la technique est tout de même très utile à la science. Un exemple parmi d'autres : la société canadienne Aspect Biosystems imprime des mini-organes qui imitent l'écosystème d'un organe donné pour tester des médicaments dans des conditions semblables à celles de l'intérieur du corps[10]. Dernièrement, elle travaille aussi à la production de tissus simples destinés à la transplantation, comme le ménisque du genou ou le tissu pancréatique.

À terme, le *bioprinting* permettra sans doute de créer des organes parfaitement compatibles avec le patient – puisqu'ils seront issus de ses propres cellules –, mais cela risque de prendre un bon moment. « C'est en essayant de répliquer la complexité tridimensionnelle des organes qu'on se rend compte à quel point notre organisme est extrêmement optimisé, sourit Rosario Sánchez. Ce n'est pas simple de reproduire en quelques décennies ce que la sélection naturelle a mis plusieurs millions d'années à accomplir ! »

Et c'est précisément parce que imiter le vivant est encore trop difficile que la recherche se penche maintenant sur la possibilité de détourner la nature au lieu de la reproduire, en faisant pousser des organes humains dans des animaux.

Les chimères modernes

Grâce à la biotechnologie, les chimères, ces êtres mythologiques de la Grèce antique, pourraient faire un bond de plusieurs millénaires et sauter de l'*Illiade* et l'*Odyssée* d'Homère aux laboratoires de biologie du XXIe siècle. Mais au lieu de créatures mi-lions, mi-chèvres crachant du feu, les chimères modernes ressembleraient plutôt à des cochons tout à fait ordinaires, qui porteraient en eux des cœurs et des foies humains, prêts à être transplantés dans l'un de nous.

Les premières chimères biologiques créées en laboratoire datent des années 1970, quand l'équipe du chercheur britannique Richard Gardner est parvenue à injecter des cellules embryonnaires de rat dans un embryon de souris, mais cet embryon chimère n'a pas survécu[11]. Quelques années plus tard, en 1980, le premier animal chimère est né, à partir de deux espèces de souris (*Mus musculus* et *Mus caroli*), beaucoup plus proches entre elles que le rat et la souris[12]. Il était désormais prouvé qu'on pouvait combiner plusieurs espèces en une seule… Certes, mais à quoi cela pourrait-il bien servir ?

Vu l'augmentation constante de la demande de greffons, nous manquons d'organes. Pourquoi ne pas utiliser ces nouvelles chimères pour en produire ? « Contrairement aux techniques de génie tissulaire comme le *bioprinting*, où l'organe pousse dans un environnement artificiel, dans les chimères, les organes se développeraient naturellement au sein de l'organisme animal, comme ils sont censés le faire, nous explique Raj Aravalli. Ainsi, tous les types cellulaires seraient exactement où ils doivent être et l'organe fonctionnerait comme il doit le faire, car un organe ne se forme pas tout seul, il grandit en connexion avec tout un corps. » En effet, l'organe bénéficierait de tous les signaux physiologiques de l'embryon, qui lui diraient quand et comment se développer. Il suffirait donc d'injecter une petite quantité de cellules souches (contre plusieurs milliers pour les organes fabriqués en laboratoire) qui se diviseraient et se différencieraient comme elles le feraient dans un embryon humain.

Créer des chimères complètes les rendrait peu viables, c'est pourquoi les chercheurs travaillent aujourd'hui sur des chimères partielles, dans lesquelles un organe seulement est issu d'une autre espèce. Pour cela, l'animal est manipulé génétiquement pour qu'il n'exprime pas un ou plusieurs gènes nécessaires au développement d'un organe spécifique, laissant un « vide » dans l'embryon qui serait rempli par les cellules souches humaines. Ensuite, cet embryon chimère serait implanté dans l'utérus d'un animal et, à la naissance, les nouveau-nés chimères seraient tout à fait normaux, à l'exception du fait qu'ils porteraient en eux un organe constitué de cellules humaines.

Les premiers à avoir réussi à produire un tel organe chimère, en l'occurrence un pancréas de rat dans une souris, furent les Japonais Toshihiro Kobayashi et Hiromitsu Nakauchi en 2010[13]. Ils ont inactivé le gène Pdx1, nécessaire au développement du pancréas chez la souris, dans ses cellules embryonnaires (alors que l'embryon était au stade précoce de blastocyste, composé de moins d'une centaine de cellules). Puis ils ont injecté des cellules souches pluripotentes de rat dans l'embryon de souris pour ensuite implanter l'embryon dans une souris, qui a fait office de mère porteuse de la chimère. Non seulement la chimère a survécu, mais son pancréas était fonctionnel.

Depuis, cette même technique, appelée *complémentation interespèces du blastocyste*, a été employée pour produire des reins de rat dans des souris, et des pancréas de souris dans des rats. En témoignent des expériences utilisant des cellules fluorescentes (modifiées génétiquement pour exprimer la protéine GFP – pour *green fluorescent protein*), qui ont montré que la totalité de l'organe produit ainsi est bien issue des cellules souches de l'autre espèce. Chez les rongeurs, ces chimères sont viables, mais on imagine difficilement un pancréas d'homme pousser dans une souris... Alors, qu'en est-il des animaux plus grands ?

L'animal de choix pour la production d'organes humains semble être le cochon. D'abord pour une histoire de taille, car la taille de l'organe dépend davantage de l'animal hôte que des cellules souches injectées. Puis, pour leur physiologie, très semblable à la nôtre. Et enfin, parce qu'ils ont déjà une place importante dans l'industrie agroalimentaire, leur élevage pour produire des greffons poserait moins de problèmes logistiques et éthiques. Selon le chercheur Hiromitsu Nakauchi, spécialiste des cellules souches et de la médecine régénérative aux universités de Stanford (États-Unis) et Tokyo (Japon), pour couvrir l'intégralité de la demande de greffons dans le monde, on aurait besoin de mille fois moins d'animaux que ceux actuellement élevés pour nous nourrir[14].

L'autre avantage considérable de miser sur le cochon chimère est son temps de gestation (quatre mois) et le fait qu'une truie peut donner naissance à vingt petits, permettant de produire une grande quantité de greffons humains en peu de temps. Ce modèle pourrait encore être optimisé en modifiant plusieurs gènes en même temps, afin de bloquer le développement de plusieurs organes pour en faire des organes humains. Des chercheurs ont déjà réussi à générer des cochons sans pancréas. Mais les cellules injectées pour le remplacer étaient elles aussi d'origine porcine. Pour le moment, cette technique n'a pas encore fonctionné pour des organes humains[15].

Selon une étude publiée par l'équipe de Juan Carlos Izpisua Belmonte à l'Institut Salk d'études biologiques (États-Unis) dans *Cell* en 2017, les cellules humaines injectées dans un embryon porcin parviennent très bien à s'y implanter, mais elles restent minoritaires dans le développement ultérieur de l'embryon, qui, en plus, montrerait des retards de développement[16].

La course d'obstacles du cochon-humain

Selon les experts, le chemin du cochon-humain est parsemé d'obstacles, qu'il ne pourra pas forcément franchir. Une des premières difficultés est la distance évolutionnaire entre les deux espèces (plus de 90 millions d'années). Il semblerait que plus celle-ci est grande, plus il est difficile de produire une chimère viable.

« Les chimères fonctionnent mieux quand on utilise des espèces proches, comme le rat et la souris. Pour l'humain, les espèces les plus proches seraient les autres primates, mais prendre pour cobayes ces espèces protégées est interdit dans la plupart des pays, rappelle Rosario Sánchez. Il n'y a qu'en Chine où l'on pourrait réaliser de telles expériences, car leurs lois bioéthiques sont beaucoup plus souples qu'en

Occident. » Donc, sauf à partir en catimini en Chine pour essayer de créer des chimères gorilles-humains, la majorité des chercheurs vont devoir se satisfaire des cochons, et trouver des solutions pour que cette distance biologique ne soit plus une entrave.

En attendant, la viabilité des chimères cochons-humains est pratiquement nulle. Cela ne semble pas être un problème exclusivement humain : des chimères cochons-macaques (embryon de cochon et cellules souches embryonnaires de *Macaca fascicularis*) montrent aussi une efficacité extrêmement basse. En 2020, l'équipe de Qi Zhou, de l'Académie chinoise des sciences, a implanté ces cellules de macaque dans plus de 4 000 embryons porcins, mais seulement 10 cochons ont pu être générés, et les dix sont décédés moins d'une semaine après leur naissance[17]. Plus récemment, des chercheurs chinois et américains ont injecté des cellules pluripotentes humaines dans des embryons de macaque (donc deux espèces de primates, relativement proches), mais ces embryons n'ont pas survécu plus de vingt jours[18].

Ce manque d'efficacité pourrait être causé, au moins en partie, par une trop grande proportion de cellules étrangères dans l'embryon. S'il contient trop de cellules humaines, l'embryon porcin serait perturbé dans son développement et rendu non viable. « Mais si l'organe généré comporte trop de cellules de cochon, c'est l'organisme du receveur qui risque de rejeter le greffon et de décéder, prévient Rosario Sánchez. Il faudra trouver le bon équilibre. »

En effet, la seule tentative de transplantation d'un organe entier purement porcin dans un être humain date de 1993 et a été un échec cuisant. À Los Angeles, une patiente de 26 ans atteinte d'hépatite C a reçu le foie d'un cochon. Elle est morte à peine 34 heures après la greffe à cause de lésions cérébrales entraînées par le processus de rejet du greffon[19]. Plus récemment, des expériences similaires ont été réalisées sur des singes, avec des temps de survie plus élevés (29 jours pour le foie, 499 jours pour les reins et jusqu'à 945 jours pour le cœur). Les scientifiques ont utilisé des cochons modifiés génétiquement, afin que leur système immunitaire ressemble à celui des primates, diminuant ainsi la probabilité de rejet du greffon[20].

Il pourrait donc être possible de modifier génétiquement les chimères cochons-humains pour que leur système immunitaire ressemble à celui des humains et que le corps du receveur n'attaque pas le greffon en le reconnaissant comme venant d'une autre espèce. Malheureusement, il n'y a pas que l'organe qui pourrait représenter un danger pour le système immunitaire humain, mais aussi les micro-organismes qu'il contient potentiellement. En effet, ces organes pourraient servir de chevaux de Troie pour des bactéries et des virus porcins, qui pourraient ainsi infecter l'être humain.

Voilà quelque chose qui fait très peur : le danger de *zoonoses* – ces maladies infectieuses animales qui parviennent à infecter les humains et peuvent donner lieu à une épidémie sans précédent (comme celle qu'on est en train de vivre depuis 2019) – est réel. Notre système immunitaire ne saurait pas comment se protéger contre ces nouvelles menaces. « Les cochons ont des virus qui peuvent infecter les humains, comme les virus d'hépatite E (HEV), alerte Raj Aravalli. Pour éviter ce danger, on pourrait détruire tout le matériel génétique viral ou bactérien trouvé dans l'organe, grâce à des technologies de modification génétique ciblée comme CRISPR. »

Le dernier obstacle technique est que l'organe ne sera jamais entièrement constitué de cellules humaines, même si on parvenait à faire en sorte que toutes les cellules spécifiques à cet organe proviennent des cellules souches humaines implantées dans l'embryon du cochon. « Les organes comme le foie contiennent aussi d'autres éléments extérieurs à l'organe, mais essentiels pour son fonctionnement, comme les vaisseaux sanguins qui les irriguent. Et cette vasculature ne provient pas des cellules humaines, mais de celles de l'animal, donc l'organe portera des cellules vasculaires de cochon qui peuvent causer le rejet du greffon par le corps humain, explique Raj Aravalli. Il faudrait que le receveur soit traité pour que son système immunitaire ne s'attaque pas au greffon. Mais cela entraînerait chez le patient un risque très élevé d'infection. »

Dans ce cas, suffirait-il de modifier l'embryon pour qu'il ne puisse pas développer de vaisseaux sanguins, qui du coup devraient aussi être générés par les cellules souches humaines ? « Ce n'est pas si simple, parce que cela voudrait dire que tout le système sanguin du cochon serait constitué de cellules humaines, ce qui pourrait perturber l'ensemble du corps de la chimère, la rendant non viable », me décourage Rosario Sánchez. En plus de ces vaisseaux sanguins, les organes comportent aussi d'autres éléments, dont les nerfs. S'il semble difficile de modifier le système sanguin des cochons sans trop perturber leur développement, il paraît encore plus compliqué de toucher à leur système nerveux. Car les cellules humaines qui le constitueraient pourraient causer des modifications imprévisibles de leur cerveau, leur donnant peut-être une conscience humaine…

La mauvaise conscience du cochon chimère

La recherche sur le cochon-humain devra non seulement surmonter d'importants obstacles techniques, mais elle se heurtera aussi à des problèmes éthiques, certainement beaucoup plus délicats encore à résoudre. Le plus important d'entre eux : la possibilité que l'animal chimère devienne « trop humain », doué d'une conscience de lui-même. Voilà qui poserait des questions éthiques, voire philosophiques, sur notre droit d'élever des êtres conscients pour nous en servir comme pièces de rechange.

Après tout, c'est bien notre conscience qui nous rend humains et nous distingue des autres animaux, n'est-ce pas ? Dans ce cas, utiliser les organes d'un animal doté d'une conscience serait-il équivalent à maintenir des hommes et des femmes en esclavage, dans l'attente de les tuer pour récupérer leur foie afin de sauver d'autres vies ? Peut-on mesurer la conscience ? Quand peut-on dire que quelqu'un (ou quelque chose) a une conscience humaine ? À quel seuil de conscience commence l'humanité ?

« On ne peut pas répondre à ces questions aisément, parce que même chez les humains il est difficile d'étudier la conscience, donc il serait probablement impossible de vérifier si une chimère a ou n'a pas conscience de son identité, considère Rosario Sánchez. Au mieux, on pourrait essayer de mesurer la capacité cognitive de ces animaux pour déceler s'il y a un impact au niveau du cerveau, mais cela ne concernerait que la cognition, pas forcément la conscience. C'est un sujet qui doit être discuté par des comités interdisciplinaires, avec des chercheurs, mais aussi des philosophes, des sociologues, etc. La réponse dépendra en grande partie de chaque culture, comme pour la recherche sur des cellules embryonnaires qui pose problème dans certains pays, mais pas dans d'autres. »

Pour le moment, il est impossible d'entreprendre de telles recherches en Occident tant qu'elles présentent le moindre risque de modifier le cerveau de l'animal. C'est d'ailleurs le grand obstacle de la recherche sur la production d'un foie humain dans le cochon – car le gène qui est enlevé pour que l'embryon du cochon ne puisse pas développer de foie (Hhex) est aussi essentiel dans le développement de la partie frontale de son cerveau. « Il faudrait donc trouver d'autres gènes chez le cochon pour empêcher le développement du foie sans toucher au développement du cerveau. C'est très délicat mais pas impossible », ajoute avec optimisme l'expert de régénération du foie Raj Aravalli. Toutefois, plus on fait de modifications génétiques, plus on risque de toucher au développement du cerveau. Chacune d'elles doit donc être vérifiée empiriquement.

En 2019, le neurochirurgien Walter Low, professeur à l'université du Minnesota (États-Unis), s'est intéressé à cette problématique et a passé en revue 150 études de transplantation neurale (impliquant toutes les cellules nerveuses), où des cellules humaines sont directement implantées dans le cerveau d'un animal[21]. « Pour le moment, on voit que l'impact des cellules implantées reste très restreint à la fonction ciblée. Par exemple, l'implantation de cellules humaines saines dans les cerveaux de modèles animaux présentant des symptômes similaires à ceux, chez l'humain, des maladies de Parkinson ou d'Alzheimer, parvient à traiter ces symptômes, du moins partiellement, sans pour autant rendre le comportement de ces animaux plus "humain", nous rassure-t-il. S'il en est ainsi quand on modifie directement le cerveau, il est encore moins probable qu'on puisse avoir une influence sur le comportement ou la conscience en modifiant d'autres organes comme le foie ou le cœur. Je pense qu'on peut trouver des solutions pour que cela n'arrive pas, mais on doit avancer lentement et d'une façon très contrôlée, notamment lorsqu'on modifie plusieurs gènes. »

Si les chimères s'humanisaient physiquement, cela pourrait aussi avoir de lourdes conséquences éthiques. Pourrions-nous, pour produire nos greffons, utiliser un cochon qui ne ressemblerait plus à un cochon, mais commencerait à avoir des traits humains ? Encore une fois, où commence l'être humain ? Une chimère d'apparence humaine avec un cerveau porcin est-elle un cochon ou un humain ? Ces expériences pourraient rendre les limites entre les espèces de plus en plus floues... Dans un article sur le sujet, les chercheurs du CHU de Montpellier John De Vos et Rodolphe Bourret proposent par exemple de déterminer un seuil maximum de cellules humaines dans ces chimères ou encore de faire des diagnostics prénataux systématiques pour déceler et éliminer la moindre chimère un peu trop humaine[22].

Finalement, le dernier danger est de perturber l'évolution, en modifiant les cellules germinales de la chimère et en créant une nouvelle espèce mi-cochon, mi-humain. Une perspective horrifiante mais très peu probable et facilement évitable. En effet, il suffirait de stériliser ces chimères pour s'assurer qu'elles n'aient pas de descendance.

Tous ces obstacles éthiques préoccupent la communauté scientifique. C'est pourquoi plusieurs pays (dont la France) ont créé des règles de bioéthique spécifiques pour les expériences où des cellules souches humaines sont introduites dans des animaux. Mais, comme pour d'autres types de recherches polémiques, telle la fertilisation *in vitro*, ces obstacles éthiques pourraient disparaître peu à peu, grâce à des avancées techniques permettant de diminuer ces risques. Au Japon, par exemple, en mars 2019, le gouvernement a supprimé la directive obligeant les chercheurs à sacrifier toute chimère humain-animal après 14 jours de gestation. Le ministère japonais des Sciences et Technologies a analysé les recherches disponibles et conclu que ces risques étaient très faibles et contrôlables, ouvrant ainsi la porte à la production d'organes humains dans des animaux pour la recherche fondamentale[23].

« Je crois que les chimères sont une possibilité très encourageante, qui pourrait révolutionner la médecine ! Et à cause de son énorme potentiel, cette technologie va finir par devenir une réalité, espère Raj Aravalli. La science est sur ce point en train d'avancer très vite et beaucoup de chercheurs s'investissent dans ce domaine. On devrait assister à des progrès considérables d'ici cinq ou dix ans. »

« Le progrès scientifique n'avance pas linéairement, mais par bonds, grâce à des évolutions technologiques qui permettent d'accélérer le pas, comme CRISPR, par exemple. Il se pourrait donc qu'on stagne pendant cinquante ans, ou qu'on parvienne à créer ces chimères en deux ou trois ans, s'amuse Rosario Sánchez. Si jamais ça ne marche pas, je pense que le génie tissulaire (comme le *bioprinting*) serait la meilleure option parce qu'il ne pose pas les mêmes problèmes éthiques que les chimères. » Pour sa part, Raj Aravalli ne se décourage pas : « Au pire, si on n'arrive pas à créer de greffons viables, les organes des chimères pourront quand même être utiles pour tester des médicaments sans mettre en danger des humains lors des essais cliniques. »

Puisque tout part du besoin de greffes, ne pourrions-nous pas tout simplement contourner le problème en s'attaquant directement à la cause principale de la défaillance de nos organes, le vieillissement lui-même ?

La mort du vieillissement

« Le vieillissement de la population est une histoire de succès humain, une raison pour célébrer le triomphe de la santé publique et des avancées médicales, sans oublier le développement social et économique, sur les maladies, les blessures et les décès précoces qui limitaient la durée de vie des humains. » C'est ainsi que commence le rapport de l'ONU sur le vieillissement daté de 2019[1], qui chante, avec raison, les louanges des progrès scientifiques et médicaux du siècle dernier. Mais si vieillir davantage est une chose, bien vieillir en est une autre. Maintenant que la science a réussi à nous faire vivre quelques dizaines d'années de plus en moyenne, pourquoi s'arrêter là ? Pourquoi ne pas repousser les limites du vieillissement pour atteindre les 150, voire 200 années de vie en bonne santé ?

Une population vieillissante

En 2019, une personne sur onze a plus de 65 ans dans le monde, un chiffre qui pourrait doubler en quelques années pour atteindre une personne sur six d'ici 2050[2]. Ce phénomène est global et toutes les sociétés devraient passer par cette « révolution de longévité ». La Suède l'a déjà connue : alors que 50 % de ses habitants mourraient après 65 ans il y a un siècle, ils sont désormais 90 %.

Pratiquement tous les pays du globe voient leur population vieillir ainsi. En 2019, il y avait sur Terre 703 millions de personnes de plus de 65 ans (9 % de la population, contre 6 % en 1990). En 2050, elles seront 1,5 milliard (16 % de la population globale). L'espérance de vie augmente aussi parallèlement, et passera de 82 ans en 2019 à 84 ans en 2050[3]. Même s'il faudra attendre quelques années pour connaître la magnitude de l'impact de la pandémie de Covid-19 sur les plus de 65 ans (la population la plus à risque), il est probable que cette tendance au vieillissement de nos sociétés se poursuive.

Si vivre plus longtemps est une chance, le revers de la médaille est de souffrir plus fréquemment d'une maladie liée à l'âge. En général, plus on vieillit, plus notre état de santé se dégrade. Et les deux types d'affections les plus meurtrières de notre temps sont des maladies liées à l'âge : le cancer et les maladies cardiovasculaires.

En France, ces deux groupes de maladies englobent plus de la moitié du total des décès : 29 % pour le cancer et 24,2 %

pour les maladies cardiovasculaires (soit respectivement 168 064 et 140 424 sur 579 230 décès en 2016) selon Santé publique France[4]. Avec le vieillissement de la population, le poids de ces maladies sur la société ne fera qu'augmenter. Aux États-Unis, par exemple, les maladies cardiovasculaires seront la cause de 40 % des décès en 2030 (contre 23 % aujourd'hui)[5]. Car avec l'âge, un cœur jadis en bonne santé a tendance à devenir hypertrophié (trop gros), ses ventricules ont de plus en plus de mal à fonctionner correctement, et les artères se rigidifient, rendant difficile le labeur de cette pompe vitale. L'incidence du cancer devrait aussi croître de 67 % de 2010 à 2030 dans ce pays.

Faire le lien entre le cancer et l'âge est plus complexe : en vieillissant, les cellules accumulent des mutations potentiellement cancéreuses mais leur sénescence les empêche en quelque sorte de se diviser. En revanche, elles produisent davantage de cytokines inflammatoires, entre autres molécules, qui génèrent un état inflammatoire dans les tissus et favorisent l'apparition de tumeurs. Heureusement, la recherche avance à grands pas dans ces domaines et des traitements innovants sont déjà à l'étude pour faire mentir ces pronostics et diminuer la mortalité liée à ces maladies de l'âge, notamment la *thérapie génique*.

Soigner les maladies du vieillissement avec la thérapie génique

La thérapie génique consiste à introduire du matériel génétique (ADN ou ARN) dans l'organisme pour favoriser l'expression d'un gène, ou au contraire, pour l'inhiber. Cette approche date de la fin des années 1980, et le premier essai sur l'homme remonte à 1989. Depuis, les chercheurs multiplient ce type d'essais cliniques – ils étaient 2 597 en 2017[6] –, notamment dans le cadre de la lutte contre le cancer (dans 65 % des cas). Une vingtaine de traitements ont ainsi été validés par les autorités et sont déjà utilisés.

Le premier d'entre eux est la Gendicine, approuvée par l'Agence américaine des médicaments (Food and Drug Administration) en 2003 pour traiter une forme de cancer de la peau (le carcinome épidermoïde). La Gendicine est un adénovirus (virus à ADN) qui comporte le gène codant pour la protéine p53, connue pour son action antitumorale (et souvent très peu exprimée dans les cellules cancéreuses). Depuis 2003, 30 000 patients ont reçu ce traitement, qui a peu d'effets secondaires (le plus commun étant de la fièvre causée par le vecteur viral)[7].

D'autres thérapies vont plus loin et détruisent les cellules cancéreuses grâce à la réplication du vecteur viral. C'est par exemple le cas de l'Oncorine, employée contre le cancer du nasopharynx. L'Oncorine est un adénovirus défaillant qui ne peut se répliquer qu'en l'absence de la protéine p53. Ainsi, le virus n'affecte pas les cellules saines (qui expriment normalement cette protéine), mais se reproduit dans les cellules tumorales qui n'expriment plus p53, les détruisant pour ensuite aller infecter les cellules tumorales alentours.

Certaines thérapies géniques recourent, elles, aux cellules du patient, grâce à une approche nommée la *thérapie par lymphocytes T à récepteur antigénique chimérique* (CAR-T). C'est le cas du Kymriah (Tisagenlecleucel) de Novartis, approuvé en 2017 pour le traitement des leucémies aiguës lymphoblastiques[8]. Il utilise des lymphocytes T du patient, modifiés pour exprimer un bout d'anticorps de souris spécifique pour le récepteur CD19 des lymphocytes B, récepteur qui est surexprimé quand ces cellules deviennent tumorales. Ainsi, les lymphocytes T reconnaissent ces lymphocytes B cancérigènes, activant une réponse immunitaire spécifique contre ces cellules.

Plusieurs autres approches de thérapie génique pour le traitement du cancer (notamment celui du pancréas et celui du foie) sont actuellement en phase 1 des essais cliniques, la première des trois étapes nécessaires avant la commercialisation d'un nouveau médicament[9]. Certaines utilisent les fameux ciseaux génétiques CRISPR (voir chapitre 4).

Le premier essai clinique pour le cancer s'appuyant sur cette technologie a été publié le 27 avril 2020 dans *Nature Medicine* par une équipe de l'université de Hong Kong[10]. Il a porté sur douze patients atteints d'un cancer du poumon. Le traitement n'a pas eu d'impact sur le développement du cancer et n'a pas allongé la durée de vie des patients, mais les spécialistes du domaine restent optimistes et sont convaincus que cette technique sera rapidement mise au point. Elle s'ajoutera aux autres approches de thérapie génique déjà disponibles contre le cancer. Ainsi, la mortalité et la morbidité causées par cette maladie pourraient être franchement réduites dans un futur proche, une excellente nouvelle puisque la thérapie génique provoque beaucoup moins d'effets indésirables que la chimiothérapie ou la radiothérapie.

Les tentatives de thérapie génique pour lutter contre les maladies cardiovasculaires sont presque aussi anciennes que celles destinées à combattre le cancer. Depuis 1990, et une première étude sur des rats[11], la recherche avance toutefois beaucoup plus lentement et le peu d'essais cliniques finalisés a montré des résultats décourageants. « Il y avait un engouement énorme pour la thérapie génique dans les années 1990, mais petit à petit elle a été confinée aux maladies héréditaires. Elle a même été considérée comme dangereuse après l'incident en 1999 à l'université de Pennsylvanie, quand un jeune de 18 ans est décédé lors d'un traitement expérimental[12], nous rappelle Fabio Recchia, chercheur en cardiologie à l'école supérieure Sant'Anna de Pise (Italie). Mais tout va changer avec le développement des vaccins à ARN messager contre le Covid-19, qui sont fondés sur la thérapie génique. »

Pour Fabio Recchia, les études sur la thérapie génique cardiaque sont porteuses d'espoir. Elles ont donné plusieurs résultats encourageants sur l'animal[13] ainsi que lors des premières phases des essais cliniques sur l'humain[14], mais elles ne montrent toujours aucun effet bénéfique dans les essais de phase 3[15].

Toutefois, de nouvelles techniques se développent, comme des micro-ARN agissant sur la régénération du tissu cardiaque après un infarctus du myocarde. Ils ont été testés avec succès chez la souris[16] et, en 2019, chez le cochon par les équipes de Fabio Recchia et Mauro Giacca (du King's College de Londres)[17]. Cependant, la surexpression de ce micro-ARN est devenue persistante et incontrôlée, causant le décès de ces animaux à cause d'arythmies.

« Nous avons appris que ces micro-ARN doivent être donnés très vite après l'infarctus, avant d'atteindre l'insuffisance cardiaque. L'idée est de stopper le cycle vicieux d'*apoptose* qui conduit à l'insuffisance cardiaque, où des cellules meurent à cause de l'ischémie générée par l'infarctus, fragilisant le tissu et entraînant le décès d'autres cellules. Les traitements qui éviteraient ce cycle d'apoptose pourraient être efficaces, mais ils ne sont pour l'instant pas sans effets secondaires. Le dosage de la thérapie doit être très contrôlé », conclut Fabio Recchia.

Il y a donc encore de l'espoir pour traiter le cœur et réduire le poids des maladies cardiovasculaires sur la santé globale, même s'il reste encore beaucoup de travail à faire : « Si nous trouvons des solutions aux problèmes techniques qui persistent, et c'est à notre portée, nous pourrions développer des thérapies géniques efficaces contre l'insuffisance cardiaque d'ici quelques années. Il faudra faire un effort scientifique énorme, mais si Pasteur a réussi à battre la rage sans pouvoir même observer le virus qui la causait, avec la technologie actuelle nous pouvons faire fonctionner cette thérapie génique ! »

Pour ce faire, la sphère scientifique s'organise. Le consortium européen Reanima, qui regroupe une dizaine d'instituts de recherche (dont les équipes de Fabio Recchia à Pise et de Mauro Giacca à Londres), a reçu en 2020 un financement de 8 millions d'euros pour développer des stratégies pour régénérer le cœur défaillant[18]. Dans cinq ans, on devrait voir les résultats de cet effort européen et nous saurons si la thérapie génique pour les maladies cardiovasculaires possède un futur aussi brillant que pour le cancer.

Chasser Alzheimer et Parkinson à coups de courants électriques

L'âge est le principal facteur de risque pour les maladies neurodégénératives, comme Alzheimer, qui affecte plus de 24 millions de personnes dans le monde et dont la prévalence double tous les cinq ans[19].

Pour lutter contre la progression de cette maladie, quelques médicaments existent et un entraînement cognitif régulier est préconisé, mais leurs résultats restent pour l'instant dérisoires. Un autre type de thérapie commence cependant à se frayer un chemin à coups de courants électriques : la *stimulation cérébrale non invasive*. Cette descendante des électrochocs d'antan vise à limiter les dégâts liés à ces maladies en stimulant le cerveau par des champs électriques sur la surface du crâne, qui activent des régions du cerveau jouant un rôle essentiel dans les processus cognitifs. Selon une revue publiée en janvier 2021 par des chercheurs de l'Institut du cerveau à Paris (Inserm, CNRS, Sorbonne Universités), 70 études portant sur la stimulation cérébrale non invasive dans le traitement des maladies neurodégénératives existent, dont 33 pour la maladie d'Alzheimer. Et leurs résultats seraient encourageants[20].

Une des techniques les plus explorées est la *stimulation magnétique transcrânienne* : un champ magnétique transmet un courant électrique à une zone spécifique du cortex cérébral et déclenche ainsi des influx nerveux dans les neurones de cette zone. Une méthode relativement ancienne, proposée en 1985 par le médecin anglais Anthony Barker qui se servait d'une bobine de cuivre pour générer ce champ magnétique[21]. La stimulation magnétique transcrânienne a un effet focalisé dans une zone précise du cerveau et stimule spécifiquement des zones corticales bien établies. Malheureusement, les effets secondaires sont lourds (crises d'épilepsie chez certains individus à risque[22], dommages causés sur certains implants, comme les dispositifs d'assistance ventriculaire).

Moins onéreuse et plus sûre, la *stimulation transcrânienne à courant direct* est une option plus ancienne encore. Proposée en 1965[23], elle consiste à faire passer un courant électrique faible d'une zone du cerveau à une autre. Cette approche est donc moins spécifique que la stimulation magnétique transcrânienne. Elle n'agit pas avec précision sur une zone donnée, mais stimule toute une région en modulant les flux nerveux de ses neurones.

Combinées à un entraînement cognitif, ces deux techniques semblent favoriser la plasticité cérébrale et la mémoire des patients atteints d'Alzheimer[24]. C'est donc un axe de recherche prometteur, mais pour le moment les études disponibles comptent trop peu de participants ou ne sont pas suffisamment randomisées et contrôlées pour confirmer un effet positif sur la progression de la maladie.

La stimulation cérébrale non invasive a aussi été étudiée pour traiter le handicap moteur causé par la maladie de Parkinson, avec des résultats encourageants, mais encore préliminaires[25].

Plus invasive, mais aussi plus puissante, la *stimulation cérébrale profonde* est une technique chirurgicale qui permet de stimuler directement l'activité neuronale des régions spécifiques du cerveau, grâce à des électrodes implantées dans ces zones. Le chercheur cyborg Kevin Warwick en parle en ces termes : « On l'utilise pour la maladie de Parkinson, par exemple, avec quatre ou six électrodes implantées dans le centre du cerveau. Ça permet de diminuer les tremblements caractéristiques de cette maladie. Mais la vérité est qu'on ne sait pas comment ça marche. » Comme l'avoue ce chercheur en cybernétique, la stimulation cérébrale profonde est encore un traitement « à l'aveugle » : on voit que ça fonctionne, mais on ne sait pas très bien pourquoi. Depuis une dizaine d'années, elle est utilisée pour traiter diverses maladies neurodégénératives. S'agissant d'Alzheimer, on compte à ce jour 14 études chez l'animal et 16 chez l'humain, dont la grande majorité montre un effet positif, selon une revue sur le sujet publiée en mars 2021[26].

La stimulation cérébrale profonde change l'activité cérébrale d'une façon beaucoup plus contrôlée que les techniques superficielles non invasives de stimulation électrique du cerveau. Il se pourrait que son effet positif soit dû à une diminution des pertes synaptiques entre les neurones, caractéristiques des maladies neurodégénératives, qui entraînerait une amélioration des connexions neurales.

Une autre possibilité est que cette stimulation favoriserait une *neurogenèse* (formation de nouveaux neurones à partir de cellules souches neurales) dans les circuits liés à la mémoire, comme cela a été observé chez la souris[27]. Cette stimulation électrique pourrait aussi améliorer le métabolisme du glucose dans le cerveau, un processus qui est ralenti dans la maladie d'Alzheimer, ou induire la production de plusieurs hormones et neurotransmetteurs qui aideraient à normaliser le fonctionnement des neurones, entre autres explications possibles[28]. Mais on est encore loin de comprendre les mécanismes par lesquels cette stimulation électrique fonctionne. Elle peut, de plus, entraîner de vrais risques d'infection et de lésion, comme toute chirurgie du cerveau.

Certains experts mettent en avant le biais de genre de ces études. La maladie d'Alzheimer affecte principalement les femmes. Pourtant, la plupart des études sur le sujet sont faites sur des animaux mâles, et on a déjà vu que cette technique peut avoir des effets différents selon le sexe : par exemple, l'équipe canadienne de Mallar Chakravarty (de l'université McGill à Montréal) a montré que la stimulation cérébrale profonde dans un modèle d'Alzheimer chez la souris améliore les performances d'apprentissage et de mémoire des mâles, mais pas des femelles[29]. Il se pourrait donc que cette approche ne soit pas si efficace que ça chez les femmes, précisément le public le plus à risque de développer cette maladie. On est donc encore loin de pouvoir utiliser la stimulation cérébrale profonde pour chasser la maladie d'Alzheimer.

Concernant Parkinson, cette technique pourrait s'avérer beaucoup plus utile. D'ici 2040, le nombre de malades de Parkinson (aujourd'hui deuxième maladie neurodégénérative au monde) devrait dépasser celui d'Alzheimer[30], rendant urgent le développement d'une thérapie efficace. La stimulation cérébrale profonde montre de bons résultats, qui ne sont pas sans effets secondaires (dépression, idées suicidaires...)[31]. Selon certains experts, ces derniers seraient causés par l'activité en continu des électrodes, et donc par la stimulation ininterrompue du cerveau. Pour les éviter, ils proposent d'adapter l'activité des électrodes aux besoins neurophysiologiques du patient, les activant seulement quand cela est nécessaire. Cela implique de savoir à quel moment cette stimulation doit être induite. « On est en train d'essayer des électrodes qui non seulement stimulent le cerveau, mais peuvent aussi mesurer son activité électrique. Ça nous permet de savoir ce qui se passe dans la région concernée et si on voit que cette activité du cerveau est anormale, trop élevée ou pas assez, les électrodes vont stimuler le cerveau pour normaliser son activité », révèle Kevin Warwick.

Avec des chercheurs de l'université d'Oxford (Royaume-Uni), de l'université Carlos III de Madrid (Espagne) et de l'université Aalto (Finlande), il a mis en place un système de stimulation cérébrale profonde à deux voies, qui envoie des stimulations électriques vers le cerveau et qui lit l'activité cérébrale en continu (comme les électrodes qu'il avait utilisées pour connecter son bras à celui de sa femme). Grâce à un système informatique, ces électrodes assurent ce suivi automatiquement et savent quand elles doivent stimuler le cerveau. En effet, les chercheurs ont remarqué que le comportement du noyau subthalamique (où les électrodes sont implantées) était perturbé durant les épisodes de tremblement. En analysant l'activité de cette région, les électrodes savent quand un épisode de tremblement est imminent et donc quand il est temps de stimuler cette zone pour normaliser son activité (étude publiée en 2019[32]). « C'est assez incroyable ce qu'un peu d'électricité peut faire dans le cerveau. Ça peut même faire que des patients souffrant d'une dépression sévère voient la vie en rose ! s'enthousiasme Kevin Warwick. Mais il y a encore beaucoup de recherches à faire, parce qu'il reste trop de choses qu'on ne comprend toujours pas. »

Le vieillissement : une maladie comme une autre ?

La thérapie génique et la stimulation cérébrale n'agissent que sur les conséquences du vieillissement, pas sur sa cause. D'ailleurs, quelle est-elle ? Peu importe notre environnement, notre alimentation, notre santé, notre travail, notre entourage familial ou nos hobbies, on est tous destinés à passer par la case vieillesse (en plus ou moins bonne forme). Et même s'il semble possible de ralentir ce processus, avec une bonne hygiène de vie, par exemple, personne n'a jamais réussi à le stopper, ni même à le repousser de plus de quelques décennies.

De nombreux chercheurs se demandent si cela sera possible un jour. Pourrions-nous traiter le vieillissement comme n'importe quelle autre maladie ?

Il faudrait d'abord comprendre ce qu'est le vieillissement. Désormais, la science s'intéresse activement à élucider les mécanismes physiologiques et moléculaires à l'origine de ce processus, et grâce aux avancées technologiques récentes, on est aujourd'hui plus proches que jamais de saisir enfin les causes (donc peut-être les remèdes) de ce sort commun, et en apparence inéluctable, à toute l'humanité.

Le vieillissement est un processus dans lequel plusieurs mécanismes s'entrelacent, compliquant la tâche des chercheurs. Le premier d'entre eux est l'accumulation de mutations génétiques, des erreurs dans l'écriture de notre séquence génomique qui surviennent lors des divisions cellulaires et des réparations de l'ADN et qui s'accumulent avec l'âge, causant des dysfonctionnements cellulaires. Le deuxième relève de la réduction des télomères, des séquences répétées d'ADN situées aux extrémités des chromosomes, qui diminuent de taille à chaque division cellulaire jusqu'à atteindre une longueur limite à partir de laquelle les cellules ne peuvent plus se diviser (comme un sablier moléculaire qui dicterait la fin de la partie pour les cellules de notre corps). Le troisième mécanisme à l'œuvre est la sénescence cellulaire, une sorte d'état sénile des cellules qui les empêche de se reproduire. Par conséquent, il n'y a plus de régénération des tissus et les organes se détériorent.

En plus de ces trois phénomènes bien identifiés, d'autres viennent s'ajouter, comme le dysfonctionnement mitochondrial (qui fournit moins d'énergie à la cellule et entraîne une plus grande production de stress oxydatif, nuisible à la cellule et responsable des dommages à l'origine des mutations génétiques), ou la perte de protéostase, c'est-à-dire un déséquilibre entre la production des protéines et leur fonctionnement. Néanmoins, toutes les études récentes semblent désigner l'accumulation de mutations dans les cellules de notre corps comme étant la cause première des problèmes liés au vieillissement.

« Nous savons que les mutations somatiques (dans les cellules non germinales) sont associées au vieillissement : plus on est vieux, plus les mutations se multiplient. Mais on ne savait pas si ces mutations étaient la cause ou la conséquence du vieillissement. On commence à comprendre que leur accumulation n'est pas seulement une des causes du vieillissement, mais pourrait être la cause ultime derrière ce processus », s'exclame Jan Vijg, chercheur au collège de médecine Albert-Einstein de New York (États-Unis) qui s'intéresse à l'instabilité génomique et à son rôle dans le vieillissement[33]. Ces mutations somatiques sont le résultat des attaques que notre ADN subit en permanence, venant de l'extérieur (comme les rayons UV et X, ou les produits chimiques contenus dans les aliments que nous mangeons ou dans l'air que nous respirons), ou de l'intérieur de notre organisme, y compris le stress oxydatif.

Ces attaques entraînent des dommages au niveau de notre génome (par exemple, des cassures des brins de notre ADN), qui sont réparés par notre « système de maintenance » génétique. Mais, parfois, ce système peut se tromper en recollant ces morceaux et introduit ainsi des erreurs dans notre information génétique : les mutations. « Le processus de réparation de l'ADN est très performant, mais il n'est pas infaillible. Les cassures de l'ADN causées par le stress oxydatif ne sont pas irrémédiables, contrairement aux mutations qui, une fois introduites dans la séquence, resteront là pour toujours, entraînant cette accumulation des mutations somatiques », ajoute le scientifique. Les chercheurs estiment que ces dommages génétiques surviennent environ 100 000 fois par jour dans chaque cellule de notre corps ! Il semble donc inévitable que certaines de ces lésions passent à la trappe et que des erreurs de réécriture arrivent de temps en temps.

L'idée que l'accumulation de mutations génétiques est à l'origine du vieillissement ou du cancer n'est pas récente.

Dès les années 1950, plusieurs chercheurs proposent cette hypothèse, qui a été confirmée depuis pour le cancer. Mais elle s'est essoufflée pour le vieillissement en 1998[34] quand on a mis en évidence que le taux de mutations dans les cellules germinales est beaucoup trop bas pour pouvoir entraîner la détérioration corporelle caractéristique du troisième âge.

Cette estimation se fondait sur l'analyse des mutations transmises de génération en génération, des mutations survenues dans les gamètes (notamment les spermatozoïdes), qui ne sont transmises que si la personne se reproduit après leur apparition (à ce titre, les mutations survenues chez les personnes très âgées sont logiquement moins transmises). Cependant, le progrès scientifique nous permet aujourd'hui de séquencer le génome entier de chaque cellule et démontre que le taux de mutations dans les cellules somatiques est bien plus élevé qu'on ne le pensait : jusqu'à cent fois plus élevé que pour les cellules germinales ! Ainsi, on a mis en évidence que les cellules somatiques accumulent des centaines, voire des milliers de mutations, en fonction du type cellulaire et de l'âge de la personne[35].

« Cette accumulation semble être exponentielle, c'est-à-dire que le taux de mutations augmente avec l'âge et plus on a des mutations plus on en accumule rapidement, précise Jan Vijg. Il se peut que ce soit dû à une détérioration des mécanismes de réparation d'ADN, peut-être causée par cette accumulation de mutations, mais il est très difficile d'étudier l'efficacité de ces mécanismes ; donc, on n'est encore sûr de rien. » Cependant, plusieurs arguments semblent confirmer cette hypothèse. « Nous avons étudié ce phénomène chez différentes espèces de rongeurs, en les traitant avec des facteurs mutagènes comme les rayons UV, poursuit-il. Les espèces aux durées de vie les plus longues (comme le rat-taupe nu, qui peut vivre jusqu'à 30 ans contre 2-3 ans pour un rat) accumulaient moins de mutations après ce traitement, suggérant que leur système de réparation d'ADN est plus performant, ce qui pourrait expliquer leur longévité. » Un autre argument : les pathologies chez l'humain qui entraînent un vieillissement précoce, comme les syndromes de Werner ou de Bloom. Ces syndromes ont en commun qu'ils sont causés par des mutations dans les hélicases de la famille RecQ, des enzymes qui jouent un rôle important dans la recombinaison, la réplication et la réparation de l'ADN.

Maintenant, le plus compliqué reste de comprendre comment des mutations qui apparaissent au hasard, et qui sont donc différentes dans toutes les cellules d'une même personne (et encore plus d'une personne à une autre) peuvent causer un phénomène aussi reproductible que le vieillissement.

Les experts proposent trois explications. Premièrement, l'*expansion clonale*, responsable du fait qu'une mutation arrivée assez tôt dans le développement pourrait se retrouver dans une bonne partie du corps. Si jamais cette mutation est délétère, ses effets se verront dans toutes les cellules issues de cette première cellule mutée, amplifiés par les autres mutations. Deuxièmement, l'*évolution somatique*, qui entraîne une concurrence caractéristique de la sélection naturelle entre les cellules. Lorsqu'une mutation donne un avantage à une cellule, celle-ci va se répliquer davantage, démultipliant cette mutation. « Cela peut arriver quand les mutations en question sont un atout évolutif pour les cellules (mais pas forcément pour l'organisme), comme chez les cellules tumorales, explique Jan Vijg. Mais c'est un phénomène fréquent, pas seulement lié au cancer. » Ce comportement « égoïste » des cellules favorise la multiplication des mutations délétères pour l'organisme, entraînant inflammation et autres processus caractéristiques du vieillissement. Troisièmement, le *networking des mutations* : les mutations « travaillent » ensemble pour potentialiser leur impact en perturbant non seulement les gènes, mais aussi leur expression. Car finalement les gènes codant pour des protéines ne comptent que pour 1 % du génome, donc la majorité des mutations somatiques se retrouvent forcément en dehors de ceux-ci. Et là, ils pourraient toucher aux séquences qui régulent l'expression de ces gènes (bien plus présentes dans le génome que les gènes qu'elles contrôlent). Des mutations dans les gènes plus des mutations dans ces séquences régulatrices peuvent décupler leur impact en perturbant les réseaux de régulation génétique (où une protéine active l'expression d'une autre, et ainsi de suite). Causant des défauts de signalisation qui peuvent affecter différents processus comme la réponse cellulaire au stress ou la thermorégulation, rendant les cellules plus fragiles[36].

Puisque l'on semble avoir identifié la principale cause du vieillissement, pourrait-on l'éviter ? Ce n'est pas si simple, car les mutations ne sont pas forcément négatives. Elles sont même la base de l'évolution ! Et, bien qu'elles soient pénibles pour nous en tant qu'individus, on leur doit notre existence en tant qu'espèce. Impossible donc d'éradiquer purement et simplement ce processus. Dans ce cas, pourrions-nous le ralentir pour éviter (ou du moins repousser) le vieillissement ?

De la jeunesse sur prescription

Il existe déjà des manières simples et efficaces de ralentir la survenue de nouvelles mutations somatiques, comme arrêter de fumer ou se protéger des rayons UV provenant du soleil. À elles seules, ces mesures relativement faciles à adopter permettent de ralentir le processus du vieillissement et la survenue du cancer d'une façon significative, mais seulement jusqu'à un certain point.

C'est pourquoi la recherche travaille désormais sur des traitements médicamenteux destinés à éviter ces mutations plus efficacement, afin de repousser encore plus la limite de la vie, ou du moins d'améliorer l'état de santé et la qualité de vie des plus âgés. Par exemple, la Food and Drug Administration (FDA) a déjà approuvé l'utilisation de certaines molécules qui semblent diminuer les dommages cellulaires et ainsi augmenter la durée de vie (chez les animaux).

La première est la *metformine*, un médicament utilisé pour traiter le diabète de type 2. Récemment, plusieurs études ont montré que cette molécule, qui augmente la sensibilité à l'insuline de certains tissus, peut aussi réduire le risque de développer des maladies cardiovasculaires[37], neurodégénératives ou même le cancer[38]. Chez le nématode *Caenorhabditis elegans*, la metformine prolonge la durée de vie[39], en partie grâce à une diminution de la production de stress oxydatif et des dommages à l'ADN que celui-ci cause[40]. De plus, cette molécule paraît préserver les capacités cognitives d'un modèle animal de la maladie d'Alzheimer et améliorer sa mémoire et ses facultés d'apprentissage[41], en favorisant la régénération neuronale[42]. Ces observations semblent se confirmer chez l'humain. Par exemple, une étude au Singapour a mis en évidence que des personnes âgées diabétiques traitées avec cette molécule pendant plus de six ans présentaient un risque plus faible de développer des dysfonctionnements cognitifs que des personnes diabétiques non traitées ou traitées pendant moins de temps[43]. Cependant, comme tout médicament, la metformine n'est pas sans effets secondaires, parmi lesquels une déficience en vitamine B12 et une accumulation d'acide lactique. Donc, malgré ces premiers résultats encourageants, les experts recommandent la prudence avant d'utiliser la metformine pour ralentir le vieillissement, tant qu'on ne connaît pas plus en profondeur ses mécanismes d'action et ses effets.

Il en va de même pour la *rapamycine*, un immunosuppresseur qui augmente la durée de vie de la levure, du nématode, des drosophiles (ou mouches des fruits) et des souris. Cette molécule semble protéger contre le cancer[44] et les maladies neurodégénératives[45]. Chez l'être humain, un traitement localisé avec la rapamycine pourrait protéger les cellules de la peau du vieillissement[46]. Mais cette molécule, qui inhibe l'enzyme mTOR (importante pour la signalisation cellulaire), pourrait aussi perturber le métabolisme. La balance bénéfices/risques penche donc clairement du côté des effets secondaires, rendant son utilisation pour prévenir le vieillissement inenvisageable, jusqu'à preuve du contraire.

D'autres molécules sont moins problématiques, comme l'antioxydant *resveratrol* que l'on retrouve dans les raisins (et donc dans le vin) ou les cacahuètes. Il accroît la durée de vie de la levure et du nématode en activant l'expression de l'enzyme régulatrice sirtuine 1 (codée par le gène SIRT1), favorisant ainsi toute une voie de signalisation qui protégerait contre le stress oxydatif et l'inflammation. Chez la souris, le resveratrol agit contre l'inflammation générée par l'obésité et le développement des maladies d'Alzheimer ou de Parkinson[47]. Ces découvertes suggèrent une potentielle amélioration de la qualité de vie des personnes âgées. Pourtant, aucune étude n'a encore réussi à mettre en évidence une augmentation de la durée de vie chez les mammifères, et les effets positifs du resveratrol chez l'humain ne sont pas encore clairs[48]. Il semble être métabolisé très rapidement, ce qui diminue drastiquement sa disponibilité dans le plasma sanguin et donc réduit ses potentiels effets bénéfiques.

Une approche totalement différente pourrait être de changer nos habitudes alimentaires, en pratiquant une technique qui semble efficace pour prolonger la vie des sujets animaux (notamment des souris) : la restriction calorique. Celle-ci consiste à diminuer la consommation de calories sans pour autant arriver à une malnutrition. Cela aurait un effet protecteur sur l'ADN, en diminuant l'incidence des tumeurs[49]. Chez l'humain, la restriction calorique semble diminuer l'inflammation[50] et protéger la santé cardiaque[51]. En revanche, appliquer cette restriction calorique aux personnes âgées, qui ont peu de réserves physiologiques, et aux personnes trop fines, qui pourraient vite basculer vers la malnutrition, n'est pas sans risque. Et il paraîtrait que la restriction calorique pourrait augmenter le risque d'ostéoporose, montrant qu'elle n'est pas sans effets secondaires, même chez des personnes en bonne santé et avec un poids corporel idéal[52]. Pour le moment, on ne peut donc pas entièrement prévenir l'avancée du vieillissement. Il faudra s'y faire.

Les nanorobots à la rescousse

Alors, si l'on ne peut pas éviter ces dommages génétiques à l'origine du vieillissement, pourrions-nous les réparer ? « Il serait impossible de traiter les mutations somatiques avec CRISPR ou d'autres techniques d'édition génétique, parce que ces mutations sont différentes dans chaque cellule, nous avertit Jan Vijg. Ce qu'on pourrait faire, ce serait détecter les cellules ayant accumulé le plus de mutations pour s'en débarrasser, comme s'il s'agissait de cellules cancéreuses. Le problème est que cette thérapie devrait être faite en continu pour éviter que l'accumulation de mutations ne prenne le dessus. C'est une possibilité, si on arrivait à marquer ces cellules. » Justement, certaines équipes de chercheurs travaillent actuellement à développer des molécules et des nanotechnologies capables de détecter et d'éliminer les cellules sénescentes.

La première piste sérieuse est apparue très récemment. Elle consiste à chasser le vieillissement cellulaire grâce à des *molécules sénolytiques*, qui ciblent et détruisent les cellules sénescentes. Certaines, comme le dasatinib ou la quercétine, induisent la mort cellulaire (apoptose) de ces cellules, ralentissant le vieillissement chez la souris[53]. Chez l'humain, ces deux sénolytiques semblent limiter les dysfonctionnements causant la fibrose pulmonaire idiopathique[54]. Mais ils pourraient aussi comporter des effets secondaires importants, comme des thrombopénies (diminution du nombre de plaquettes dans le sang) et des neutropénies (baisse du nombre de granulocytes dans le sang), augmentant le risque d'hémorragie et d'infection[55]. De plus, leur efficacité n'est pas encore très élevée.

Une façon d'augmenter l'efficacité des sénolytiques, tout en réduisant leurs effets secondaires, est de les conduire vers les cellules sénescentes dans des *nanotransporteurs*, des structures microscopiques qui peuvent encapsuler des médicaments. Ces nanotransporteurs protègent leur équipage des acides gastro-intestinaux et autres molécules qui peuvent les dégrader, et les relâchent une fois qu'ils sont arrivés à destination, augmentant leur efficacité et diminuant leur toxicité.

Ces microbus peuvent par exemple libérer leurs passagers uniquement quand certaines conditions physiologiques sont réunies, comme un certain pH ou une concentration spécifique pour une protéine donnée. Cela est déjà utilisé par exemple pour transporter le médicament anticancéreux doxorubicine vers des cellules tumorales. Le nanotransporteur reconnaît leur pH (plus acide que des cellules saines) et y libère la molécule d'une façon localisée, diminuant les effets indésirables de la chimiothérapie[56].

Ce concept est développé aussi pour reconnaître spécifiquement les cellules sénescentes. Ces cellules peuvent être identifiées grâce à leur surproduction de bêta-galactosidase, une enzyme qui transforme les sucres galactosides (comme le lactose) en galactose et glucose. Ces nanotransporteurs sont recouverts de ces galactosides, qui seront hydrolysées une fois dans la cellule sénescente, libérant les molécules sénolytiques et entraînant l'apoptose[57]. Cette approche a été testée chez la souris, où elle parvient à cibler les cellules sénescentes en diminuant les effets secondaires du médicament sénolytique[58]. Cependant, l'utilisation clinique de ces stratégies contre la sénescence n'est pas pour demain, car notre connaissance des mécanismes moléculaires derrière ce processus de vieillissement cellulaire est encore incomplète[59]. Aussi, l'élimination des cellules sénescentes peut entraîner des conséquences négatives, car la sénescence joue un rôle dans la prévention du cancer (en évitant que des cellules ayant accumulé trop de mutations, et donc potentiellement cancérigènes, puissent se multiplier). Il est donc nécessaire de mieux comprendre les effets de ces molécules avant de se lancer à la chasse des cellules sénescentes dans des essais cliniques. Cette voie semble prometteuse, mais on est encore à quelques années, voire à des décennies, d'y parvenir.

Et même s'il devenait possible d'éliminer efficacement les cellules sénescentes, on ne ferait que repousser l'inévitable. Certes, cette stratégie pourrait nous offrir quelques années de vie supplémentaires, et surtout améliorer notre qualité de vie lors de ces dernières années. Mais elle ne saurait nous rendre immortels, car elle s'occupe uniquement du résultat du vieillissement cellulaire (la sénescence), mais pas de sa cause (les mutations qui s'accumulent dans notre ADN). In fine, la grande majorité de nos cellules ayant accumulé trop de mutations sera parvenue au stade de la sénilité. Les détruire équivaudrait à éliminer la majorité de nos cellules, et donc nous-mêmes. Il faudrait donc réfléchir à une façon de s'attaquer au problème de base : les mutations. Et là encore, la nanotechnologie pourrait être d'une grande aide.

Imaginez de minuscules robots qui parcourraient nos cellules, tels des gendarmes, à la recherche du moindre signe de problème (un excès de stress oxydatif ou d'autres molécules cytotoxiques, par exemple). Ou des mécaniciens qui, marteau et clé anglaise à la main, se jetteraient sur toute cassure de l'ADN pour la réparer au plus vite, rendant imbattable notre équipe de réparation cellulaire et génétique.

Plusieurs matériaux sont à l'essai pour la fabrication de ces microrobots du futur et, coïncidence étonnante, celui qui prend la tête de cette course bionanotechnologique est l'ADN lui-même.

« L'ADN est très facile à produire et il est très malléable, il suffit de changer sa séquence pour lui donner n'importe quelle forme », résume Hendrik Dietz, spécialiste en bionanotechnologie et robotique moléculaire à l'université technique de Munich[60]. De plus, la molécule d'ADN peut être facilement modifiée (chimiquement ou par des modifications épigénétiques), donnant une flexibilité presque infinie à ces robots faits d'ADN. Ces caractéristiques font de cette molécule le matériel parfait pour construire des machines qui puissent réparer le corps au niveau moléculaire, notamment pour éviter la détérioration de notre ADN et ainsi éviter le vieillissement. « Aujourd'hui, on peut construire un grand nombre d'outils moléculaires en utilisant de l'ADN, mais il y a encore beaucoup d'obstacles avant de pouvoir fabriquer des robots à ADN, ajoute-t-il. Les idées ne coûtent rien, mais les réaliser a un prix. »

Le gros du travail, au-delà de rendre la production de ces nanomachines moins onéreuse, sera de les faire accepter par le corps humain. Celui-ci risque de ne pas voir d'un bon œil débarquer ces nanorobots d'ADN, et de mettre en marche son armée d'enzymes et autres mécanismes qui attaquent tout matériel génétique étranger au corps.

« Nous sommes en train de résoudre certains de ces problèmes et je pense que la nanotechnologie avec de l'ADN va bientôt passer des laboratoires aux start-up, qui essayeront de les développer pour une utilisation pratique », prévoit

Hendrik Dietz. Certains sont déjà sur le coup pour permettre à ces nanomachines de voler de leurs propres ailes. Ou de nager de leurs propres hélices… comme ces chercheurs de Harvard qui ont créé des hélices d'ADN qui pourraient propulser des nanorobots[61]. Cela ne signifie pas pour autant que les nanorobots à ADN sont actuellement dans les starting-blocks. « Ces moteurs à ADN sont encore trop lents, regrette Hendrik Dietz. Pour le moment nous sommes capables de fabriquer des structures passives, mais pas des machines qui puissent se mouvoir d'une façon autonome. » On pourra donc faire des bus pour transporter des médicaments, mais pas encore des mécaniciens qui répareront l'ADN.

Atteindre l'immortalité... ou presque

Quand je pense à l'immortalité, la voix de Farrokh Bulsara résonne invariablement dans ma tête. Non, il ne s'agit pas d'un grand chercheur travaillant sur les limites du vivant, mais du vrai nom de Freddie Mercury, le chanteur mythique de Queen. Il est décédé à 45 ans d'une pneumonie, après avoir développé le sida ; sa voix est néanmoins associée à jamais à l'immortalité grâce au film *Highlander*, sorti en 1986. Christopher Lambert y joue le rôle de Connor MacLeod, un Écossais immortel qui restera jeune pour toujours, si tant est que personne ne lui coupe la tête. Et c'est le cri de « *Here we are*... » (« Nous y sommes »), poussé par Farrokh, qui ouvrait le film (et la série qui a suivi, dans les années 1990), où s'affrontaient une multitude d'immortels, épées à la main, prêts à se décapiter mutuellement jusqu'à ce qu'il n'en reste qu'un.

Un fantasme immortel

Le fantasme de l'immortalité est cependant bien plus vieux que le clan MacLeod. Il est probablement aussi ancien que l'être humain lui-même, soumis au sort inéluctable qui l'attend, rêvant de pouvoir s'affranchir de cette peur viscérale et de vaincre la mort.

Cette quête de l'immortalité était déjà présente dans un des plus vieux récits du monde, un poème venant de l'ancienne Mésopotamie, nommé l'*Épopée de Gilgamesh* (écrit environ 2 000 ans avant le début de notre ère). Après le décès de son ami Enkidou, Gilgamesh rend visite à un couple ayant survécu à la grande inondation (qui influencera le récit du déluge biblique) pour apprendre le secret de l'immortalité. On lui apprend l'existence d'une plante magique au fond de la mer, qui peut rendre la jeunesse éternelle. Il parvient à la récupérer, mais se la fait voler par un serpent et se retrouve condamné à se contenter de sa mortalité – ce qui, d'ailleurs, le rendra malheureux jusqu'à la fin de ses jours. Ce récit épique, qui est l'un des plus anciens de l'humanité, montre à quel point il est futile d'essayer de lutter contre la destinée humaine…

Force est de constater que l'humain a bien du mal à l'accepter. D'autant plus depuis que la science progresse et que l'on a découvert les incroyables capacités de certaines espèces. De fait, certains animaux se révèlent être quasi immortels. La méduse *Turritopsis nutricula*, par exemple, possède le superpouvoir de redevenir jeune à l'infini[1] !

Cette rebelle de la biologie vit une vie relativement normale, pour une méduse, jusqu'à sa maturité sexuelle (donc, l'âge adulte). Alors, au lieu de voir grandir ses petits et de leur raconter l'histoire de Gilgamesh, les tentacules bien au chaud dans des pantoufles en corail (comme n'importe quelle autre méduse d'un certain âge), elle décide de revenir en enfance au stade du polype pour revivre les frustrations de l'adolescence et l'excitation des premières rencontres. Si *Turritopsis nutricula* peut le faire, pourquoi le surpuissant être humain n'y arriverait-il pas ?

Malheureusement (d'un certain point de vue), il est impossible pour notre espèce de rajeunir, nous l'avons vu. Le temps passe en ligne droite et personne ne peut faire demi-tour !

C'est pourquoi les apprentis immortels n'essayent plus de vivre une vie cyclique de perpétuel recommencement, mais tout simplement d'allonger le plus possible la route devant nous, pour pouvoir rouler à l'infini (quitte à changer de voiture tous les cent ans). Ainsi, on rêve désormais de robotiser notre corps ou de numériser notre esprit, imaginant qu'un corps mécanique pourrait toujours être réparé ou qu'avoir nos pensées dans un ordinateur nous libérerait de contraintes biologiques et des dates d'expiration affichées sur nos emballages corporels.

Dans ces conditions, pourrait-on vraiment dire qu'on est encore vivant ? L'humain dépourvu de son humanité reste-t-il un humain ? Et là, c'est encore la grandiose voix de Freddie Mercury qui résonne, mais cette fois c'est pour demander « *Who wants to live forever ?* » (« Qui veut vivre pour toujours ? »). Beaucoup de monde, on dirait, à commencer par ceux qui sont prêts à payer une fortune pour se faire congeler, en espérant des jours meilleurs où la science pourra nous rendre aussi immortels que *Turritopsis nutricula.*

La cryogénisation : une ambulance vers le futur

Actuellement, plusieurs centaines d'individus ont déjà fait le choix de plonger les yeux fermés vers l'avenir grâce à la cryogénisation.

Une des entreprises qui proposent ce voyage futuriste est Alcor. Elle se décrit comme une « ambulance vers le futur[2] », permettant de rejoindre une époque où la médecine saura comment soigner les maladies qui précipitent nos dates de péremption. Localisée dans l'Arizona américain, cette société affirme avoir déjà congelé près de 200 personnes, et compter plus d'un millier de futurs « patients » qui attendent de fermer les yeux une dernière fois… avant de les rouvrir dans quelques dizaines, voire quelques centaines d'années. Légalement, on ne peut pas encore congeler quelqu'un de son vivant, à quelques exceptions près, comme cette adolescente de 14 ans atteinte d'une forme rare de cancer, à qui la justice britannique a permis d'être congelée avant son décès[3]. Mais pour la plupart d'entre nous, il faudra patienter jusqu'au dernier soupir.

Selon le site d'Alcor, le processus est assez simple. Tout commence quand le cœur de la personne s'arrête et qu'elle est considérée comme légalement décédée. À cet instant, une équipe sur place (qui attend patiemment le trépas du sujet) rétablit artificiellement la circulation sanguine et la respiration pour protéger le cerveau de tout dommage. Ensuite, le corps du voyageur est refroidi dans un bain d'eau glacée et son sang est remplacé par une solution censée préserver les tissus. Dans ce bain froid, le « patient » (comme ils l'appellent) est transporté vers leur centre d'opérations au milieu du désert d'Arizona, où une solution cryoprotectrice est perfusée dans son système sanguin pour éviter la formation de cristaux pouvant endommager les vaisseaux sanguins et les organes. Finalement, le corps ainsi préparé est refroidi à -196 °C et stocké dans une boîte métallique remplie d'azote liquide. Cette méthode est à peu près similaire à celle que les chercheurs utilisent pour congeler et garder pendant de longues périodes leurs échantillons de cellules ou de tissus.

Jusque-là, on pourrait dire que tout paraît relativement sensé. Après tout, on congèle déjà des embryons humains et même quelques petits animaux comme des nématodes pour les faire revivre plus tard…

Mais c'est ignorer la complexité de la méthode, qui est aujourd'hui inapplicable sur des animaux plus grands. Sans compter qu'on ne sait même pas congeler des échantillons de tissus humains sans les endommager. Avec la congélation, les liquides à l'intérieur de notre corps peuvent former de la glace, qui peut couper et endommager les membranes des cellules et leurs organelles, abîmant les tissus et les organes. Dans les cellules, cela peut être évité à l'aide de substances cryoprotectrices, comme celle qu'Alcor dit utiliser chez ses patients, mais rien ne garantit qu'elles puissent atteindre tous les tissus et tous les organes pour y éviter des lésions irrattrapables.

Imaginons qu'on puisse congeler l'organisme sans l'endommager, personne ne peut prévoir quel effet ce stress pourrait avoir sur notre physiologie, par exemple au niveau épigénétique (qui régule l'expression de nos gènes en fonction des facteurs environnementaux). Pour illustrer cette complète ignorance, on peut s'appuyer sur le cas des embryons congelés, qui donnent des bébés plus gros à la naissance. Les chercheurs n'ont aucune idée du pourquoi ni du comment, alors que cette pratique a cours depuis quelques années !

C'est ce que nous apprend une étude publiée en 2019 dans *Scientific Reports*[4], qui a comparé les bébés nés d'une même cohorte embryonnaire, c'est-à-dire des embryons issus d'une même tentative de procréation médicalement assistée (PMA). « C'est comme si vous faisiez un plat et que vous en mangiez une partie aujourd'hui et congeliez le reste pour le manger plus tard, tout est très comparable, nous explique en simplifiant Samir Hamamah, directeur de l'unité Développement embryonnaire précoce humain et pluripotence à l'Inserm (CHRU Montpellier) et auteur de l'étude. On constate une macrosomie chez certains, c'est-à-dire qu'ils ont un poids à la naissance un peu plus important, et l'on est convaincu que c'est lié à la congélation ou à la décongélation des embryons. Il y a vraisemblablement des modifications épigénétiques dans ces embryons et on ne sait pas encore si cela est une bonne ou une mauvaise chose. Il faudra mieux étudier ce phénomène. Cela dit, la majorité des enfants issus de PMA sont en bonne santé ! »

Il faut dire que le discours d'Alcor est très honnête : l'entreprise précise (en des termes plus élégants) qu'elle n'a aucune idée de la validité de sa méthode : fonctionne-t-elle ou non ? Quelles conséquences aurait-elle en cas de succès ? Alcor précise que, pour le savoir, il faudra attendre la décongélation.

Quoi qu'il en soit, à l'heure actuelle, aucune entreprise de cryogénisation ne peut ramener à la vie un de ses patients. Rien ne permet donc de vérifier si cela marche ou pas.

Si jamais c'était le cas, il faudrait, une fois le patient décongelé, très vite s'attaquer aux raisons qui ont causé son « décès ». On pourrait imaginer que si la science est suffisamment avancée à ce moment-là pour décongeler des êtres humains, elle pourrait aussi « soigner » un arrêt cardiaque. Mais comme on ne sait pas encore si la méthode de congélation parvient vraiment à préserver les tissus, il est possible que, quand on pourra enfin procéder à cette décongélation, le corps en question soit trop endommagé pour être ressuscité.

Alors, fondrons-nous comme neige au soleil, ou serons-nous aussi frais que John Spartan (joué par Sylvester Stallone dans le film *Demolition man*), qui après plusieurs décennies de congélation n'a besoin que de quelques minutes pour être prêt à en découdre avec les méchants le jour et à tricoter des pulls en laine la nuit ? Malheureusement, on ne le saura pas tant qu'on ne pourra pas ramener à la vie des personnes congelées...

Si l'on parvient un jour à le faire, la médecine sera sans doute aussi capable de traiter plus efficacement qu'aujourd'hui les maladies liées au vieillissement, rendant obsolète le recours à cette ambulance vers le futur.

Notre esprit dans un ordi

Puisqu'il est peu probable qu'on parvienne à conserver le corps humain grâce à la cryogénisation dans le futur proche, certains cherchent à trouver un raccourci en préservant un seul organe, le cerveau. C'est par exemple le cas de la start-up américaine Nectome[5], qui ambitionne de le sauvegarder pour un jour pouvoir l'utiliser afin de digitaliser l'ensemble des connexions neurales et de numériser ainsi l'esprit du patient.

Une technique novatrice leur permet de congeler le cerveau tout en conservant les synapses entre les neurones grâce à du glutaraldéhyde, une substance qui sert à fixer les tissus afin de pouvoir les observer au microscope électronique. Cette technique de fixation du cerveau permet de préserver au niveau nanométrique sa structure et son architecture ainsi que l'ensemble des connexions neurales. Son efficacité a été prouvée sur des cerveaux de lapin[6], puis de cochon[7]. Fort de ces expériences, Nectome pense être en mesure de reproduire bientôt ce tour de force chez l'être humain.

Selon cette entreprise, les cerveaux ainsi conservés pourraient être gardés pendant un siècle dans de l'azote liquide. Pourtant, cette méthode se distingue de la cryogénisation, car le but ici n'est pas de restaurer la vie du cerveau après sa décongélation. Au contraire, cette technique implique le décès immédiat du cerveau à cause du glutaraldéhyde, qui fixe les tissus d'une manière irréversible. L'objectif final n'est pas de reconstituer la « vie biologique » du patient, mais de lui assurer une « vie numérique ». Avec la cryogénisation, on plonge dans l'azote liquide avec l'espoir qu'un jour la science saura nous réveiller, mais dans ce cas, on espère que les chercheurs du futur sauront comment numériser notre esprit à partir de notre cerveau biologique.

Voilà pourquoi il est si important de bien fixer le cerveau, pour qu'on puisse ensuite le scanner pour le dupliquer virtuellement, en créant une émulation du cerveau qui pourrait être intégrée à un corps robotique ou virtuel. Cela aboutirait à créer un être entièrement synthétique, complètement libéré des contraintes biologiques, comme la vieillesse et la mort. Une immortalité informatique où notre esprit pourrait profiter de l'omniprésence d'Internet, voyageant d'un corps synthétique à un autre en quelques fractions de seconde, et amassant toutes les connaissances disponibles en ligne en un claquement de doigts.

« On parle de s'uploader, comme si notre intelligence était un simple logiciel. C'est une des erreurs de l'intelligence artificielle et de ceux qui croient que toute l'intelligence se trouve dans le cerveau, alors que le cerveau est en lien continu avec le corps, car celui-ci détermine la façon dont on interagit avec le monde », critique Nicolas Rougier, informaticien à l'Institut des maladies neurodégénératives à Bordeaux (INRIA), spécialisé dans des modèles informatiques du cerveau.

En effet, la mission principale du cerveau est de contrôler le corps, et c'est à travers ce corps et ses sens que le cerveau acquiert toutes ses connaissances sur le monde. Le cerveau a besoin de capteurs, comme les yeux et la peau, pour appréhender son environnement, et des effecteurs, comme les bras et les jambes, pour l'explorer.

Si l'on numérise l'esprit, il faudrait aussi remplacer ce corps biologique par des capteurs synthétiques, telles des caméras pour remplacer les yeux. Mais nous avons déjà vu qu'il sera très difficile (voire impossible) de parvenir à égaler les capacités sensorielles de nos organes. Les yeux, par exemple, comptent une centaine de millions de cellules photoréceptrices (cônes et bâtonnets) au niveau de la rétine, une capacité qu'il sera très compliqué de reproduire un jour avec une rétine artificielle. Il en va de même de la peau et du million de récepteurs nerveux figurant au bout de chacun de nos doigts. « Une caméra n'a rien à voir avec un œil humain, il faudrait donc faire toute une réadaptation pour s'adapter à cette qualité plus basse et à ce nouveau mode de fonctionnement. Pour pouvoir utiliser ces nouveaux capteurs et effecteurs, on devra réapprendre tout ce qu'on a appris lors de notre première année, quand notre cerveau assimilait comment interagir avec le monde, à travers le corps », ajoute-t-il.

Imaginons que le cerveau puisse, grâce à sa plasticité extraordinaire, apprendre à utiliser ces capteurs et effecteurs artificiels comme il utilise aujourd'hui le corps humain. Il pourrait donc explorer son environnement et l'appréhender. Resterait donc à trouver, en pratique, comment parvenir réellement à sauvegarder notre esprit et à le charger dans un ordinateur…

« Il faut savoir ce qu'on va uploader, car le cerveau ne se limite pas aux connexions entre neurones dans le cortex, il comprend aussi des structures essentielles comme l'amygdale, l'hippocampe, le cervelet et l'hypothalamus, entre autres. L'ensemble du système nerveux central est composé en moyenne de 86 milliards de neurones et chacun d'eux en contacte en moyenne 10 000 autres, soit un total approximatif de 860 billions de connexions. C'est une masse d'information gigantesque ! rappelle Nicolas Rougier. Or, on est encore très loin de pouvoir capter toutes les connexions neurales et l'activité des neurones, c'est complètement hors de portée aujourd'hui. »

De plus, il est possible que notre intelligence et notre conscience ne dépendent pas uniquement des connexions neurales, mais aussi d'autres facteurs, comme la taille, la géométrie ainsi que l'activité de chaque neurone – sans compter les autres cellules cérébrales (les cellules gliales, par exemple). Voilà qui multiplierait la quantité d'informations nécessaires pour reproduire notre esprit. « On ne sait pas encore ce qui est important dans le cerveau, donc on ne sait pas quelles données on devra garder et numériser », admet Nicolas Rougier.

Il se pourrait que tous ces éléments soient importants pour notre pensée et notre mémoire, et que si on ne les prend pas suffisamment en compte, on se retrouve avec un esprit morcelé et une version sommaire de notre personne. On ne peut tout simplement pas numériser et reproduire informatiquement cette gigantesque masse d'informations, ce qui pourrait équivaloir à des milliers de données pour chaque neurone (multipliés par 86 milliards)...

Et encore, il ne s'agit là que du premier transfert d'informations pour émuler le cerveau et créer notre esprit virtuel. Ensuite, il faudra trouver comment faire fonctionner ce cerveau virtuel, c'est-à-dire simuler le fonctionnement de tous ces éléments et reproduire toute cette masse d'informations à chaque instant, en temps réel. Une prouesse tout à fait impossible aujourd'hui et très peu plausible dans le futur.

« La loi de Moore, qui prévoyait le doublement de la capacité d'une puce de microprocesseur tous les deux ans, a déjà montré ses limites. Aujourd'hui, on multiplie les processeurs pour augmenter leur puissance, mais ce n'est pas quelque chose qu'on peut améliorer à l'infini non plus. On peut aussi changer l'architecture des processeurs pour aller plus vite... mais les possibilités ne sont pas illimitées », insiste l'informaticien. Je travaille sur des modèles de neurones où l'on simule le fonctionnement de quelques neurones dans un ordinateur, mais d'une façon très simple. Avec ces modèles, simuler l'activité de tous les neurones prendrait une heure d'analyse pour chaque seconde d'information. Ce qui veut dire qu'un cerveau virtuel fonctionnerait au ralenti. » Serions-nous prêts à accepter une telle baisse de rendement, ajoutée à la moindre qualité des capteurs qu'on aurait avec un corps robotique, juste pour rester « en vie » ?

Ressuscités dans des robots

Certains en sont persuadés : la vie *post mortem* sera une version améliorée de notre existence biologique, offrant de plus grandes capacités physiques et cognitives. Pour cela, ils comptent sur des progrès futurs de la science et de la médecine qui nous permettront un jour de tricher et de tromper la mort, peut-être pas en numérisant notre esprit, défi qui semble impossible (ou du moins très très lointain), mais au moins en changeant de corps pour remplacer notre anatomie défaillante.

Puisque le plus compliqué semble de remplacer notre cerveau, la meilleure option est donc de le conserver en l'intégrant à un corps robotique, muni de capteurs qui ne seront peut-être pas aussi performants que nos yeux et notre peau dans un premier temps, mais qui pourraient faire l'objet de recherches et être améliorés. Dans vingt ans, pourrons-nous revenir à la vie dans une version augmentée, comme l'officier Murphy ressuscita transformé en *Robocop* en 2043 ?

Pour Nicolas Rougier, cette option semble lointaine, mais reste plus réaliste que celle de numériser le cerveau humain. « Le cerveau est très plastique et très adaptable, et pourrait apprendre à utiliser des membres robotiques ainsi que des capteurs et des effecteurs synthétiques. C'est comme quand on conduit, le cerveau d'un chauffeur de bus arrive à projeter son corps pour contrôler tout le bus et le faire passer à quelques centimètres des autres voitures sans les toucher, alors qu'il n'a pas de vision de la totalité du bus. On travaille déjà sur des membres contrôlés par le cerveau, qui pourraient lui envoyer des signaux propriosceptiques (des retours d'information qui imitent nos sens). Je ne sais pas si cela aboutira un jour, mais c'est déjà plus plausible que de transférer son esprit dans un ordinateur. »

Les premières expériences pour connecter le cerveau à un corps robotique sont déjà en cours. Déjà, en 2008, Kevin Warwick a développé des robots contrôlés par des organoïdes, les fameux mini-cerveaux évoqués précédemment (chapitre 2). Avec son équipe, il a cultivé des neurones de rat dans des petites boîtes de culture contenant des électrodes – électrodes qui pouvaient stimuler les neurones avec des signaux électriques, activant une réponse neurale. Les interfaces étaient ensuite implantées dans des petits robots qui avançaient dans un enclos. Quand les capteurs du robot sentaient que la machine s'approchait du mur de l'enclos, ils envoyaient une stimulation aux neurones à travers ces électrodes[8]. « Le robot avait à peu près 150 000 neurones de rat, qui pouvaient communiquer entre eux comme dans un vrai cerveau. Après un court apprentissage (une heure par jour pendant deux mois), ces neurones de rat avaient appris à esquiver les murs, en faisant tourner le robot quand les capteurs signalaient la présence d'un obstacle, se souvient Kevin Warwick. Ensuite, on a répété l'expérience avec un "cerveau" en trois dimensions, contenant 60 millions de neurones humains. Cela montre qu'on pourrait un jour placer notre cerveau dans un robot… Ce serait nous, l'implant. »

Lier notre cerveau à un corps robotique est une option bien plus rassurante que congeler son corps ou son cerveau. C'est la raison pour laquelle plusieurs milliardaires se penchent sur ces recherches, comme l'entrepreneur des médias russes Dmitry Itskov, qui y a investi une partie de sa fortune. En 2011, il a fondé l'Initiative 2045, une organisation à but non lucratif qui soutient les chercheurs travaillant à rendre ce futur augmenté possible, notamment par la robotique et le développement d'interfaces cerveau-machine. L'objectif final, affiché sur son site Internet, étant de créer d'ici 2045 un avenir amélioré, mélange de bouddhisme et de high-tech, dans lequel, grâce à une science avancée et à un essor technologique inédit, s'épanouirait une humanité plus spirituelle, plus cultivée, plus éthique[9]. Un futur où les humains vivront sous la forme de cyborgs robotiques, d'avatars informatiques ou d'hologrammes intelligents.

Pour parvenir à ce nirvana technologique, l'Initiative 2045 prévoit une stratégie en quatre temps. La première étape, de

2015 à 2020, était celle des interfaces cerveau-ordinateur. On pourrait contrôler à distance des avatars robotiques avec notre pensée et ainsi envoyer ces doubles mécaniques faire les corvées les plus pénibles ou les plus dangereuses, comme des missions de secours dans des situations extrêmes. Parallèlement, des parties robotiques commenceraient à être implantées chez des humains, notamment pour pallier certains handicaps physiques. Bien que la science ait un peu de retard par rapport aux possibilités de contrôle d'un robot avec notre cerveau, elle a créé des drones, des machines contrôlées à distance qui peuvent être envoyées à des endroits risqués à la place des humains (comme les drones de combat avec lesquels les États-Unis et d'autres puissances militaires bombardent des cibles situées à des milliers de kilomètres de la personne commandant ces machines). Et nous pouvons déjà implanter des membres mécaniques, pas forcément contrôlés par le cerveau lui-même, mais par le système nerveux, comme les bras artificiels d'Oskar Aszmann (voir chapitre 1).

La deuxième étape, allant de 2020 à 2025, prévoit l'avènement avancé de Robocop. Des personnes ayant un corps trop endommagé par la vieillesse, la maladie ou un accident pourraient transférer leur cerveau dans un corps robotique, commençant ainsi une seconde vie, augmentée par la puissance de ce corps mécanique infatigable et facilement réparable. Mais, comme pour la première étape, le point limitant ici est aussi la connexion directe du cerveau avec la machine. Cet exploit ne se fera pas sans une rupture épistémologique majeure dans notre compréhension de cet organe (très peu probable à court terme).

La troisième étape (2030-2035) anticipe la création d'un cerveau virtuel nous donnant une immortalité cybernétique. Elle serait suivie par l'étape ultime (prévue pour 2040-2045), celle du transfert des esprits numérisés dans des robots, donnant naissance à des êtres humains entièrement dépourvus de biologie.

Ces objectifs semblent complètement irréalistes à la vitesse à laquelle progresse la science dans ces domaines. Les membres de l'Initiative 2045 l'ont compris, puisqu'ils ne font plus leur congrès annuel, nommé Global Future 2045 (où des experts étaient invités pour présenter les dernières avancées et discuter de leurs possibilités), depuis juin 2013[10].

Force est de constater que l'on ne peut pas encore échapper à la mort, ni en étant congelés, ni en plaçant notre cerveau dans un robot ou notre esprit dans un ordinateur. Le dernier soupir a toujours fait partie de la vie de l'être humain et tout paraît indiquer que cela restera ainsi dans le futur.

Le cyborg qui fuit la mort

Cependant, malgré l'accablante évidence scientifique, un chercheur tente le tout pour le tout. Son nom est Peter Scott-Morgan et, à 61 ans, il est probablement la personne au monde qui a le plus avancé dans le parcours vers une vie de cyborg. Il y a deux ans, il apprend qu'il est atteint de sclérose latérale amyotrophique, connue aussi sous le nom de maladie de Charcot – maladie neurodégénérative des neurones moteurs – qui le condamnait à une mort rapide. « On m'a dit que statistiquement il ne me restait que deux années de vie. Heureusement, je suis un scientifique, donc j'ai décidé de prendre cette sentence de mort comme un défi professionnel, lance-t-il. J'avais deux options : mourir comme un humain ou vivre comme un cyborg, le choix a été vite fait. »

Cette maladie, la même dont souffrait le célèbre physicien Stephen Hawking, provoque une paralysie progressive des muscles, causant des problèmes de déglutition et des insuffisances respiratoires, entre autres défaillances du corps. Rapidement, en à peine deux ou trois ans chez la majorité des patients, cette détérioration du corps entraîne la mort, bien que quelques-uns parviennent à survivre plus longtemps, comme Hawking qui est mort plus de cinquante ans après son diagnostic.

Pour faire face à ces prévisions terrifiantes, Peter Scott-Morgan, docteur en robotique, a entrepris de remplacer graduellement son corps par des machines. « Statistiquement, je devrais être déjà mort. Mais grâce à la technologie, je me transforme en une version alternative de mon ancien moi, déclare-t-il avec optimisme. Ça va être un long voyage, mais j'utilise déjà du high-tech de pointe pour changer mes capacités et les remplacer. C'est une renaissance. »

La première étape de cette transformation a eu lieu le 10 juillet 2018, quand il a enduré une triple chirurgie jusqu'ici inédite. Pour contourner les troubles de la déglutition, il est maintenant alimenté par un tuyau passant à travers sa peau directement dans l'estomac ; pour lui permettre d'évacuer ses selles, on a relié son côlon à un système de poche externe ; de même pour la vessie. Le but de cette opération (décrite en détail par les chirurgiens qui sont intervenus dans un article scientifique publié en 2019[11]) était de devancer la maladie en connectant le système digestif et urinaire du chercheur à des machines situées à l'extérieur de son corps, pour qu'il puisse continuer à se nourrir et à faire ses besoins sans être trop dépendant.

Pour se déplacer, il utilise un fauteuil roulant de pointe, développé par l'entreprise anglaise Permobil, qui lui permet non seulement d'aller vite, mais aussi d'être en position debout ou allongée[12].

Sa transformation plus récente date d'octobre 2019, quand son larynx a été retiré afin d'éviter le risque d'étouffement avec sa salive, là encore à cause des problèmes de déglutition fréquents dans la maladie de Charcot. Il a ainsi perdu la capacité de parler et de respirer de manière autonome. Un quatrième tube a donc été ajouté à son corps pour connecter ses poumons à un respirateur artificiel. Et pour communiquer, il utilise désormais un système similaire à celui de Stephen Hawking, conçu précisément par la même équipe chez Intel[13]. Selon Lama Nachman, directrice de cette équipe, le système mélange reconnaissance du regard et intelligence artificielle. Le logiciel entend la conversation et propose des phrases adaptées à la situation, un peu comme

Gmail qui vous propose de répondre « Très bien, merci » ou « À demain ». Et Peter sélectionne la réponse adéquate avec son regard, ou écrit un mot-clé (en choisissant les lettres une par une) pour que le logiciel lui propose d'autres réponses. Ces paroles, à moitié à lui et à moitié au logiciel, sont sonorisées avec une voix qui imite sa voix originelle, et sont prononcées par un avatar virtuel qui lui ressemble et qui imite ses expressions faciales, à l'image des avatars imaginés par le milliardaire Dmitry Itskov.

Combien de temps pourra-t-il tenir ? Parviendra-t-il à remplacer un à un tous les organes défaillants de son corps ? Finira-t-il par fusionner avec cette intelligence artificielle qui a déjà son visage et sa voix ? Grâce à une volonté de fer et une foi aveugle dans le progrès technologique, il est persuadé qu'il gagnera ce match contre la Faucheuse. « La plus grande raison de mon optimisme est que, grâce à la croissance exponentielle des capacités informatiques, les choses ne feront que s'améliorer ! Tous les deux ans, si j'échappe à la mort, ma capacité à profiter de la vie doublera grâce à ces avancées, cela veut dire que j'aurai mille fois plus de pouvoir dans vingt ans ! » Car son but ultime est de finir par transférer ses pensées et son esprit vers cet avatar virtuel, qu'il appelle Peter 2.0, pour ainsi échapper définitivement à la mort. « On est sur le point de changer à jamais la définition de l'être humain. Et je compte bien être encore là pour voir jusqu'où on arrivera à pousser cette évolution. Je suis parti pour me retrouver au centre d'un territoire entièrement inexploré… »

Aujourd'hui, son optimisme semble démesuré par rapport aux avancées réelles de ces technologies. « On peut avoir des avatars qui peuvent remplacer quelqu'un pendant quelques minutes, mais ce n'est que de l'imitation. Ça ne trompera personne très longtemps et ça n'a rien à voir avec télécharger son esprit, tempère Nicolas Rougier. On peut jouer sur l'apparence et faire quelque chose qui a l'air très réel, comme avec les *deep fakes,* mais ça ne restera qu'un avatar, qui n'a ni intelligence ni conscience. Aucun chercheur sérieux ne prétendrait pouvoir faire ça. »

Il paraît que la foi déplace des montagnes… mais il est fort probable que la mort soit une montagne bien trop grande pour être déplacée. Du moins, pour le moment.

Conclusion

L'avènement du post-humain…

Dans les années 1990, il y a déjà trois décennies, il semblait évident pour certains que « l'homme supérieur » dont rêvait Jean Coutrot (le créateur du mot *transhumanisme*) dans les années 1930 approchait à grands pas, vu le rythme effréné des avancées technologiques de la fin du siècle dernier. L'humanité allait enfin évoluer vers le rêve transhumaniste et le nouveau siècle appartiendrait aux Robocops et aux Terminators.

Le futurologue britannique Ian Pearson avait même théorisé les étapes de ce futur dans un livre publié en 2000[1]. Selon ses prévisions, la technologie créerait de plus en plus d'organes cybernétiques, permettant la connexion de l'humain à des machines via son système nerveux. Les humains qui accepteraient de fusionner avec ces machines cybernétiques, les cyborgs, auraient un tel avantage par rapport aux autres qu'ils finiraient par scinder l'espèce en deux, créant un nouvel être, *Homo cyberneticus*. Cet homme connecté à l'ordinateur et aux machines surviendrait vers 2050, suivi de près par *Homo optimus*, l'homme amélioré biologiquement.

« On commence à voir émerger l'*Homo cyberneticus*, avec des humains qui utilisent des organes cybernétiques, comme l'antenne de Neil Harbisson, les bras bioniques d'Oskar Aszmann ou les cœurs artificiels de Carmat. On assiste aussi à des tentatives de connecter le cerveau humain à des machines, comme l'implant Neuralink d'Elon Musk, récapitule Ian Pearson. Et l'arrivée d'*Homo optimus* semble proche également, car on intervient sur le génome, modifiant la génétique et l'épigénétique, avec CRISPR par exemple. »

Dans sa vision du futur, il est évident que ceux qui accepteraient d'améliorer leur corps avec des machines cybernétiques seraient aussi d'accord pour modifier biologiquement leur progéniture, cherchant à leur donner le plus d'avantages possible dans ce futur ultra-compétitif. Ainsi, ces deux nouvelles espèces fusionneraient en *Homo hybridus* vers la fin du XXIe siècle, un humain optimisé biologiquement et technologiquement, rendant obsolètes *Homo cyberneticus* et *Homo optimus*.

Parallèlement à ces avancées, la technologie des machines continuerait à se perfectionner, rendant l'intelligence artificielle de plus en plus performante. Inexorablement, ces progrès techniques finiraient par être absorbés par *Homo hybridus*, qui serait prêt à tout pour augmenter ses capacités. Petit à petit, ce nouvel humain prendrait de plus en plus de ces technologies, jusqu'à devenir une toute nouvelle espèce, le summum de l'humanité... Une sorte de dieu, omniprésent à l'aide de son cerveau connecté, protégé contre le vieillissement car réparable à l'infini, immortel grâce à des copies numérisées de son esprit qui lui permettraient de voyager n'importe où pour y prendre forme avec n'importe quel corps (robotique ou biologique) : *Homo machinus*.

... n'est pas pour demain

Cet *Homo machinus* verra-t-il le jour, alors que les technologies censées faciliter son arrivée sont encore très limitées et posent énormément de questions éthiques ? « Je crois en effet qu'on se heurtera fortement aux problèmes éthiques, convient Ian Pearson. Par exemple les modifications génétiques seront sans doute autorisées à des fins médicales, comme pour se débarrasser de certaines maladies héréditaires, mais pas pour augmenter nos capacités. Cependant, il est très difficile de prédire quelle sera l'éthique du futur, car nos valeurs évoluent très rapidement. Aujourd'hui on peut faire des choses qui étaient interdites il y a quelques décennies. Donc il se pourrait que les barrières éthiques actuelles demeurent ou, au contraire, qu'en 2050 un parent soit considéré complètement irresponsable s'il ne souhaite pas améliorer génétiquement ses enfants pour leur donner tous les avantages possibles ! Il est très compliqué de prévoir l'évolution des débats éthiques. »

Au-delà de ces considérations, les limitations technologiques rendent plus que lointaine l'hypothèse de l'avènement d'*Homo machinus*. « En regardant la technologie disponible à la fin du siècle dernier, il était facile d'imaginer l'avenir de ces avancées technologiques, qui nous mèneraient vers la connexion du cerveau en 2050. Mais, en vérité, leur évolution ces trente dernières années est décevante, avoue-t-il. Par exemple, ce que propose Musk avec Neuralink est très archaïque comparé à ce qu'on avait imaginé au début des années 1990. On prévoyait une armée de nanorobots qui rentreraient par le flux sanguin et iraient se lier avec le cerveau, transmettant les signaux électriques de cet organe par radio vers une machine à l'extérieur du crâne. À la place de cette nanotechnologie, on a Neuralink, un implant très rudimentaire comparé à notre vision du futur. Et on avait imaginé d'autres solutions à ces implants très invasifs, comme des circuits placés sur la peau ou à l'intérieur de la peau, qui pourraient servir de lien entre les nerfs du corps et les machines à l'extérieur du corps. Vous imaginez comment serait la réalité virtuelle grâce à ça ? Il suffirait d'enregistrer le stimulus nerveux que l'on ressent quand on touche une table et de rejouer ce stimulus pour que le cerveau pense qu'il est en train de toucher une table. On pourrait par exemple se serrer la main lors de cette réunion Zoom et avoir l'impression qu'on est dans la même pièce. Sans parler de l'industrie du sexe en ligne, car c'est toujours dans cette industrie-là qu'on utilise en premier les nouvelles technologies. Ça pourrait être possible aujourd'hui, mais personne ne l'a fait. Ce n'est pas une incapacité technologique, mais un échec du marché. »

Les interfaces cerveaux-machines ne sont pas les seules technologies à subir d'énormes retards par rapport aux prévisions du futurologue. « L'intelligence artificielle a avancé beaucoup plus lentement que prévu. Il y a trente ans on imaginait qu'en 2015 on aurait déjà conçu des machines conscientes, avec des capacités surhumaines, se souvient Ian Pearson. C'est le cas dans quelques domaines très restreints, comme les réseaux neuraux qui sont capables de reconnaître les visages mieux que les humains, mais on n'a pas encore d'intelligence artificielle générale, alors qu'on aurait pu y arriver, ou du moins avancer beaucoup plus que ce que l'on a réussi à faire. Là encore, c'est un problème lié au marché. » Les entreprises se copient les unes les autres, proposent quelques améliorations, ce qui est plus rentable que de se lancer dans de grandes recherches coûteuses et totalement novatrices.

Pour les spécialistes de ces domaines, ces retards ne sont pas causés uniquement par un désintérêt économique, mais par de réelles difficultés techniques. « Pour parvenir à une véritable intelligence artificielle, il va falloir dupliquer le cerveau humain, et il est extrêmement complexe ! rappelle l'expert en neurosciences Robert Hampson. Il ne suffira pas de remplacer chaque neurone par un processeur, car il ne s'agit pas seulement des neurones, il y a aussi toutes leurs connexions, dans tous les états cérébraux possibles, à tous les moments où ces signaux peuvent être traités... c'est beaucoup plus que des milliards de processus, c'est plutôt des milliers de milliards, des millions de milliards, voire des milliards de milliards de processus. »

Malgré cette gigantesque accumulation de zéros qui fait tourner la tête, le futurologue Ian Pearson est persuadé que ces technologies pourraient être développées : « Ces idées sont là depuis longtemps et c'est très ennuyeux de voir qu'elles ne se réalisent pas comme elles devraient. On pourrait avancer vers un futur transhumaniste d'un pas bien plus rapide ! » Une certitude partagée par le chercheur cyborg Kevin Warwick : « La possibilité du post-humain est très excitante, mais malheureusement cela ne reste qu'une idée pour le moment. Sauf si quelqu'un de sérieux s'y intéresse, alors, on pourrait arriver quelque part. »

Et c'est tant mieux !

Le fait que les technologies n'aient pas évolué aussi rapidement que Ian Pearson et Kevin Warwick l'espéraient au début du siècle est peut-être une chance. Après tout, les changements sociétaux qu'elles pourraient entraîner n'auraient rien d'anodin. « Même moi, passionné de technologies, je me rends compte que ces avancées ne seraient pas forcément une bonne chose pour l'humanité, pondère le futurologue. En effet, c'est peut-être une aubaine qu'on ait eu ce retard, car cela nous donne quelques années de plus pour réfléchir en tant que sociétés sur les potentielles implications de ces révolutions technologiques. Cette route vers des superhumains pourrait poser d'immenses problèmes éthiques et il est illusoire de croire que le chemin vers un futur transhumaniste ne serait pas semé d'embûches et de conflits. Il est même très probable que des gens se battraient et que des personnes mourraient si l'on choisissait cette route. En ce sens, le fait que les technologies ne progressent pas aussi vite que prévu est une aubaine : cela nous donne le temps de discuter du transhumanisme avant qu'il ne devienne une réalité. »

Un point sur lequel les bioéthiciens peuvent tomber d'accord avec ce visionnaire du futur. « Il faut qu'on imagine à quoi ressemblerait ce monde-là. Est-ce vraiment ce qu'on veut ? », se demande, par exemple, la bioéthicienne Françoise Baylis. Un questionnement qui ne s'applique pas uniquement aux avancées technologiques autour du posthumain, mais aussi au futur des technologies potentiellement dangereuses comme l'intelligence artificielle et les machines conscientes.

« Ces machines conscientes ne seront pas forcément méchantes, il n'y a vraiment pas de raison pour affirmer qu'elles le seraient. Elles pourraient même devenir nos meilleures amies. Mais si jamais elles ne sont pas nos amies, on est cuits ! ricane nerveusement Ian Pearson. Le scénario imaginé par le film *Terminator* est une vraie possibilité : si jamais on a des machines cent fois plus intelligentes que les personnes les plus intelligentes, elles seront forcément une menace militaire. Là-dessus je pense qu'Elon Musk a vu juste, il est nécessaire de développer des interfaces cerveaux-machines performantes avant de concevoir ces intelligences artificielles, pour que l'humain ait la possibilité de faire face à cette menace si jamais ça tourne mal. Et cela pourrait encore retarder l'émergence de ces machines conscientes de quelques décennies, les repoussant vers les années 2050 ou 2060. Là aussi, ces retards technologiques sont un avantage, car il est beaucoup plus rassurant d'avancer lentement. »

Il est évident que plusieurs des recherches présentées dans ce livre ont le potentiel de bousculer notre société, telles que les cerveaux connectés, la manipulation génétique héritable, les utérus artificiels ou encore les organes cultivés dans des animaux chimères. Et alors que certaines de ces avancées promettent de révolutionner la médecine, améliorant notamment la prise en charge de certains handicaps moteurs ou cognitifs, d'autres risquent en effet de nous pousser vers un futur chaotique, où la course vers l'humain augmenté diviserait l'humanité à un point inédit dans l'histoire. Bien que les difficultés de la recherche et les retards évoqués puissent paraître rassurants, il est impératif qu'une discussion globale autour du futur de nos sociétés et de la science soit entamée rapidement, pour décider ensemble de notre futur commun. Concentrerons-nous nos efforts pour améliorer la qualité de vie des humains et la préservation de notre planète ? Ou chercherons-nous à tout prix l'avènement du post-humain ?

Sans cette discussion globale, les difficultés techniques et la loi du marché resteront les seuls juges du progrès scientifique, et le saut vers cet avenir transhumaniste pourrait survenir bien plus rapidement que prévu. Car, même si la plupart des experts interrogés pour cet ouvrage s'accordent à dire que la science, dans ces domaines, en est encore à un stade beaucoup trop précoce pour permettre de telles révolutions et que nos connaissances actuelles sont largement insuffisantes, la vérité est que nul ne peut prévoir le futur.

Comme nous le rappelait la chercheuse spécialisée dans les cellules souches Rosario Sánchez, la science n'avance pas linéairement, mais par bonds. La recherche peut stagner pendant des décennies pour ensuite sauter au niveau supérieur en quelques années, boostée soudainement par des technologies de rupture telles que CRISPR. Ce constat est partagé par le neuroscientifique Arnold Kriegstein, qui avoue qu'il est impossible pour un chercheur de prévoir le futur de son domaine, puisqu'il est dans l'incapacité de prédire les percées technologiques qui pourraient tout faire basculer. « Il se pourrait aussi qu'on soit déjà bien plus avancés que ce qu'on imagine ! prévient Ian Pearson. Il ne faut pas oublier que l'industrie est très secrète et que les entreprises ne communiquent sur une percée technologique que quand cette nouvelle technologie est déjà prête à être commercialisée. Il est donc tout à fait possible que l'industrie, l'armée ou une start-up minuscule dans un garage quelque part soient déjà en train de travailler sur le prototype d'une de ces technologies et qu'on ne le sache pas encore. »

Bien qu'on ne puisse pas prévoir jusqu'où ces recherches pourraient aller, ce qui est certain, c'est qu'elles continueront d'avancer. « Je ne sais pas quelle sera la limite de l'augmentation humaine, mais je suis sûr qu'on voudra toujours plus, et qu'on persévérera à l'infini », prévoit l'ingénieur biomédical Theodoros Papaioannou.

Une vision qui en effraie plus d'un, comme l'historien des sciences Alexandre Moatti : « Le rapport à la nature, et à notre nature, est quelque chose à manipuler avec précaution ! » Mais ces réserves ne suffiront pas à arrêter les convaincus du transhumanisme : « Il y aura toujours des barrières éthiques et morales, car toute nouvelle technologie est toujours accueillie avec méfiance. Mais cette méfiance a tendance à se dissiper, répond le chercheur grec. Si l'on ne peut pas encore imiter la complexité du corps humain, on apprend continuellement, donc on y parviendra sûrement dans le futur. C'est comme pour l'immortalité, qui semble impossible aujourd'hui. Mais si on avait demandé à un homme du XIXe siècle s'il serait possible un jour de parler en direct avec une personne à l'autre bout de la planète, il aurait sans doute répondu que c'était infaisable. Donc je préfère donner libre cours à mon imagination... je ne sais pas si on parviendra à atteindre l'immortalité, mais je suis certain qu'on va essayer. »

Même s'il est très peu probable que ce rêve transhumaniste devienne une réalité à court terme, il est possible que cela change rapidement et qu'on observe (ahuris ou rassurés) la naissance d'*Homo machinus* avant la fin du siècle.

À moins que la fusion entre l'humain et la machine ne se fasse pas tout à fait comme on l'imagine… Et qu'au lieu de créer l'humain augmenté par la technologie on finisse par donner naissance à la machine augmentée par l'humain. Un genre de cyborg à l'envers, qui utiliserait de l'ADN pour stocker son information numérique (comme la start-up américaine Catalog l'a déjà fait pour enregistrer la totalité de Wikipédia[2]) et des neurones humains au lieu des processeurs (comme les dispositifs olfactifs Konikore[3], conçus par le Nigérian Oshiorenoya Agabi, qui mélangent des neurones et des processeurs pour booster les capacités sensorielles des machines). Il se pourrait bien qu'au lieu d'*Homo machinus*, on se retrouve avec *Machina hominis*… ou n'importe quoi d'autre. C'est la beauté du futur, tout y est possible ! (En théorie.)

Notes

Introduction

1. Karamanou M., Papaioannou TG., Soulis D., Tousoulis D., "Engineering 'Posthumans', To Be or Not to Be ?", *Trends in Biotechnology*, 08/2017 : https://pubmed.ncbi.nlm.nih.gov/28522218/

2. Moatti A., *Aux racines du transhumanisme, France 1930-1980*, Odile Jacob, 02/2020 : https://www.odilejacob.fr/catalogue/sciences/genetique/aux-racines-du-transhumanisme_9782738151322.php

3. Perrin D., « L'homme qui veut nous rendre immortels », *GQ France*, 03/2016 : https://www.gqmagazine.fr/lifestyle/high-tech/articles/lhomme-qui-veut-nous-rendre-immortels/31848

4. Kurzweil R., *The Age of Intelligent Machines*, The MIT Press, 07/1990 : https://mitpress.mit.edu/books/age-intelligent-machines

Première partie
Améliorer nos capacités physiques et cognitives

Demain, tous cyborgs ?

1. Clynes M., Kline N., "Cyborgs and Space", reprinted with permission from *Astronautics*, 09/1960 : https://archive.nytimes.com/www.nytimes.com/library/cyber/surf/022697surf-cyborg.html

2. Cyborg Foundation : https://www.cyborgfoundation.com/

3. Carlson ML., "Cochlear Implantation in Adults", *N Engl J Med*, 04/2020 : https://pubmed.ncbi.nlm.nih.gov/32294347/

4. Mudry A., Mills M., "The early history of the cochlear implant : a retrospective", *JAMA Otolaryngol Head Neck Surg*, 05/2013 : https://pubmed.ncbi.nlm.nih.gov/23681026/

5. Carlson ML., "Cochlear Implantation in Adults", *N Engl J Med*, 04/2020 : https://pubmed.ncbi.nlm.nih.gov/32294347/

6. Johnston TA., "W(h)ither the Deaf Community ? Population, Genetics, and the Future of Australian Sign Language", *American Annals of the Deaf*, 2004 Winter : https://pubmed.ncbi.nlm.nih.gov/15132016/

7. Ringo A., "Understanding Deafness : Not Everyone Wants to Be 'Fixed'", *The Atlantic*, 08/2013 : https://www.theatlantic.com/health/archive/2013/08/understanding-deafness-not-everyone-wants-to-be-fixed/278527/

8. Premarket Approval (PMA), NUCLEUS HYBRID L24 COCHLEAR IMPLANT SYSTEM : https://www.accessdata.fda.gov/scripts/cdrh/cfdocs/cfpma/pma.cfm?id=P130016

9. Fernández E., Alfaro A., González-López P., "Toward Long-Term Communication With the Brain in the Blind by Intracortical Stimulation : Challenges and Future Prospects", *Front Neurosci*, 08/2020 : https://pubmed.ncbi.nlm.nih.gov/32848535

10. Hsu-Lin Luo Y., da Cruz L., "The Argus® II Retinal Prosthesis System", *Progress in Retinal and Eye Research*, Volume 50,

2016 : https://www.sciencedirect.com/science/article/abs/pii/S1350946215000701

11. Chen X., Wang F., Fernandez E., Roelfsema PR., "Shape perception via a high-channel-count neuroprosthesis in monkey visual cortex", *Science,* 12/2020 : https://pubmed.ncbi.nlm.nih.gov/33273097/

12. Warwick K., Gasson M., Hutt B., et al., "The Application of Implant Technology for Cybernetic Systems", *Arch Neurol,* 10/2003 : https://pubmed.ncbi.nlm.nih.gov/14568806/

13. Gasson MN., "Human Enhancement : Could you become infected with a computer virus ?, *2010 IEEE International Symposium on Technology and Society*", 2010 : https://ieeexplore.ieee.org/document/5514651

14. Gutierrez C. N., « Ces apprentis-sorciers en quête de vie éternelle », *Sciences et Avenir,* 27/07/2020 : https://www.sciencesetavenir.fr/sante/une-vie-infinie-apprentis-sorciers-en-quete-de-vie-eternelle_145902

15. Henn S., Carpien C., "3-D Printer Brings Dexterity To Children With No Fingers", *NPR,* 06/2013 : https://www.npr.org/sections/health-shots/2013/06/18/191279201/3-d-printer-brings-dexterity-to-children-with-no-fingers

16. Manero A., Smith P., Sparkman J., et al., "Implementation of 3D Printing Technology in the Field of Prosthetics : Past, Present, and Future", *Int J Environ Res Public Health,* 05/2019 : https://www.ncbi.nlm.nih.gov/pmc/articles/PMC6540178/

17. Open Bionics, Hero Arm – an affordable, advanced and intuitive bionic arm : https://openbionics.com/hero-arm/

18. Aman M., Sporer ME., Gstoettner C., et al., "Bionic hand as artificial organ : Current status and future perspectives", *Artif Organs,* 01/2019 : https://onlinelibrary.wiley.com/doi/abs/10.1111/aor.13422

19. Ortiz-Catalan M., Mastinu E., Sassu P., Aszmann O., Brånemark R., "Self-Contained Neuromusculoskeletal Arm Prostheses",

New England Journal of Medicine, 04/2020 : https://www.nejm.org/doi/10.1056/NEJMoa1917537

20. Martins A., Rincon P., "Paraplegic in robotic suit kicks off World Cup", *BBC News*, 12/06/2014 : https://www.bbc.com/news/science-environment-27812218

21. Benabid AL., Costecalde T., Eliseyev A., et al., "An exoskeleton controlled by an epidural wireless brain-machine interface in a tetraplegic patient : a proof-of-concept demonstration", *The Lancet Neurology*, 12/2019 : https://pubmed.ncbi.nlm.nih.gov/31587955/

22. Le projet BCI : http://www.clinatec.fr/recherche/nos-projets/le-projet-bci/

23. Shakespeare T., Watson N., "Is a four-limb exoskeleton a step in the wrong direction ?", *The Lancet Neurology*, 10/2019 : https://pubmed.ncbi.nlm.nih.gov/31587954/

24. Laurentin E., et al., « Soldat augmenté : la technologie peut-elle changer la guerre ? », France Culture, 07/01/2021 : https://www.franceculture.fr/emissions/le-temps-du-debat/le-temps-du-debat-emission-du-jeudi-07-janvier-2021

25. Vincent E., « Le comité d'éthique du ministère de la Défense donne son feu vert à la recherche sur le "soldat augmenté" », *Le Monde*, 04/12/2020 : https://www.lemonde.fr/international/article/2020/12/04/defense-feu-vert-ethique-pour-la-recherche-sur-le-soldat-augmente_6062153_3210.html

26. La DGA présente l'exosquelette Hercule nouvelle version : https://www.defense.gouv.fr/actualites/economie-et-technologie/la-dga-presente-l-exosquelette-hercule-nouvelle-version2

27. Keller J., "SOCOM's Iron Man Suit Is Officially Dead", *Military.com*, 15/02/2019 : https://www.military.com/daily-news/2019/02/15/socoms-iron-man-suit-officially-dead.html

28. "About CYBATHLON", CYBATHLON ETH Zürich : https://cybathlon.ethz.ch/en/cybathlon

29. Gutierrez C. N., « Handicap : la stimulation électrique fonctionnelle démontre son intérêt au Cybathlon », *Sciences et Avenir,* 20/11/2020 : https://www.sciencesetavenir.fr/sante/handicap-la-stimulation-electrique-fonctionnelle-exhibee-au-cybathlon_149275

30. Wagner FB., Mignardot J.-B., Courtine G., et al., "Targeted neurotechnology restores walking in humans with spinal cord injury", *Nature,* 31/10/2018 : https://www.nature.com/articles/s41586-018-0649-2

Le cerveau 2.0

1. The Brain Initiative : https://braininitiative.nih.gov/

2. "Discover EBRAINS – A key enabler to advance European brain science", EBRAINS : https://ebrains.eu/discover/

3. Amunts K., Mohlberg H., Bludau S., Zilles K., "Julich-Brain : A 3D probabilistic atlas of the human brain's cytoarchitecture", *Science,* 21/08/2020 : https://pubmed.ncbi.nlm.nih.gov/32732281/

4. Montero-Crespo M., Dominguez-Alvaro M., Rondon-Carrillo P., Alonso-Nanclares L., DeFelipe J., Blazquez-Llorca L., "Three-dimensional synaptic organization of the human hippocampal CA1 field", *Elife,* 21/07/2020 : https://pubmed.ncbi.nlm.nih.gov/32690133/

5. Bhaduri A., Andrews MG., Kriegstein AR., Nowakowski TJ., "Are Organoids Ready for Prime Time ?", *Cell Stem Cell,* 03/09/2020 : https://pubmed.ncbi.nlm.nih.gov/32888425/

6. Bhaduri A., Andrews MG., Mancia Leon W., et al., "Cell stress in cortical organoids impairs molecular subtype specification", *Nature,* 02/2020 : https://pubmed.ncbi.nlm.nih.gov/31996853/

7. Lesté-Lasserre C., "Human brain organoids grown in cheap 3D-printed bioreactor", *New Scientist,* 06/04/2021 : https://www.newscientist.com/article/2273694-human-brain-organoids-grown-in-cheap-3d-printed-bioreactor/

8. Kaiser J., "Studies that make brainlike structures or add human cells to animal brains are ethical, for now, panel says", *AAAS,* "Science", 08/04/2021 : https://www.sciencemag.org/news/2021/04/studies-make-brainlike-structures-or-add-human-cells-animal-brains-are-ethical-now

9. National Academies of Sciences, Engineering, and Medicine, et al., *The Emerging Field of Human Neural Organoids, Transplants, and Chimeras : Science, Ethics, and Governance,* Washington (DC) : National Academies Press (US), 08/04/2021 : https://pubmed.ncbi.nlm.nih.gov/33844487/

10. Berger H., "Über das Elektrenkephalogramm des Menschen", *Archiv f. Psychiatrie* 87, 527-570, 1929 : https://link.springer.com/article/10.1007/BF01797193

11. Chakrabarti S., Sandberg HM., Brumberg JS., Krusienski DJ., "Progress in speech decoding from the electrocorticogram", *Biomed Eng Lett,* 12/04/2015 : https://link.springer.com/article/10.1007/s13534-015-0175-1

12. Vidal JJ., "Toward direct brain-computer communication", *Annu Rev Biophys Bioeng,* 1973 : https://pubmed.ncbi.nlm.nih.gov/4583653/

13. Wolpaw JR., McFarland DJ., Neat GW., Forneris CA., "An EEG-based brain-computer interface for cursor control", *Electroencephalogr Clin Neurophysiol,* 03/1991 : https://www.sciencedirect.com/science/article/abs/pii/001346949190040B

14. Pope D., "Neural Signals Moves from BCI Pioneer to Commercial Vendor", *Neurotech business report* : https://www.neurotechreports.com/pages/neuralsignalsprofile.html

15. Hochberg LR., Serruya MD., Friehs GM., et al., "Neuronal ensemble control of prosthetic devices by a human with tetraplegia", *Nature,* 13/07/2006 : https://pubmed.ncbi.nlm.nih.gov/16838014/

16. Hochberg LR., Bacher D., Jarosiewicz B., et al., "Reach and grasp by people with tetraplegia using a neurally controlled robotic arm", *Nature,* 16/05/2012 : https://pubmed.ncbi.nlm.nih.gov/22596161/

17. Ajiboye AB., Willett FR., Young DR., et al., "Restoration of reaching and grasping movements through brain-controlled muscle stimulation in a person with tetraplegia : a proof-of-concept demonstration", *The Lancet,* 06/05/2017 : https://pubmed.ncbi.nlm.nih.gov/28363483/

18. Willett FR., Avansino DT., Hochberg LR., Henderson JM., Shenoy KV., "High-performance brain-to-text communication via handwriting", *Nature,* 05/2021 : https://pubmed.ncbi.nlm.nih.gov/33981047/

19. Simeral JD., Hosman T., Saab J., et al., "Home Use of a Percutaneous Wireless Intracortical Brain-Computer Interface by Individuals With Tetraplegia", *IEEE Trans Biomed Eng,* 07/2021 : https://pubmed.ncbi.nlm.nih.gov/33784612/

20. Wolpaw JR., McFarland DJ., Neat GW., Forneris CA., "An EEG-based brain-computer interface for cursor control", art. cité.

21. Miner LA., McFarland DJ., Wolpaw JR., "Answering questions with an electroencephalogram-based brain-computer interface", *Arch Phys Med Rehabil,* 09/1998 : https://pubmed.ncbi.nlm.nih.gov/9749678/

22. Cincotti F., Mattia D., Aloise F., et al., "Non-invasive brain-computer interface system : towards its application as assistive technology", *Brain Res Bull,* 15/04/2008 : https://pubmed.ncbi.nlm.nih.gov/18394526/

23. EmotiBit : Wearable biometric sensing for any project ! Kickstarter : https://www.kickstarter.com/projects/emotibit/emotibit-0

24. Markoff J., "Elon Musk's Neuralink Wants 'Sewing Machine-Like' Robots to Wire Brains to the Internet", *The New York Times,*

17/07/2019 : https://www.nytimes.com/2019/07/16/technology/neuralink-elon-musk.html

25. Musk E., "Neuralink. An Integrated Brain-Machine Interface Platform With Thousands of Channels", *J Med Internet Res*, 31/10/2019 : https://pubmed.ncbi.nlm.nih.gov/31642810/

26. Sender E., « Elon Musk a testé son implant Neuralink sur des cochons », *Sciences et Avenir*, 01/09/2020 : https://www.sciencesetavenir.fr/sante/cerveau-et-psy/elon-musk-presente-son-implant-neuralink-sur-des-cochons_147095

27. Mulot R., « Un singe manipule un jeu vidéo par la pensée. Effet d'annonce par Elon Musk ou vraie prouesse ? », *Sciences et Avenir*, 23/04/2021 : https://www.sciencesetavenir.fr/fondamental/un-singe-manipule-un-jeu-video-par-la-pensee-via-des-implants-cerebraux-rien-de-nouveau_153520

28. Editor, "Microsoft intros safety lab to check Azure vulnerabilities", *VM Virtual Machine*, 07/08/2019 : https://vmvirtualmachine.com/microsoft-intros-safety-lab-to-check-azure-vulnerabilities/

29. Collins P., "BrainGate Inc., owner of brain-computer interface technologies, donated to Tufts University", *Tufts Now*, 10/09/2020 : https://now.tufts.edu/news-releases/braingate-inc-owner-brain-computer-interface-technologies-donated-tufts-university

La conscience connectée

1. "Elevating the Human Condition. What does it mean to be human in a technologically enhanced world ?", *Humanity+* : https://humanityplus.org/

2. "Transhumanist Declaration", *Humanity+* : https://humanityplus.org/transhumanism/transhumanist-declaration/

3. Wakefield J., "Google, Facebook, Amazon join forces on future of AI", *BBC News*, 28/09/2016, https://www.bbc.com/news/technology-37494863

4. “The Partnership on AI”, *The Partnership on AI* : https://www.partnershiponai.org/

5. Devillard A., « Intelligence artificielle (IA) : et si cela tourne au scénario catastrophe ? », *Sciences et Avenir,* 03/01/2017 : https://www.sciencesetavenir.fr/high-tech/intelligence-artificielle/intelligence-artificielle-ia-et-si-cela-tourne-au-scenario-catastrophe_109405

6. Partenariat mondial sur l’intelligence artificielle – PMIA : https://gpai.ai/fr/

7. De La Porte X., « Gérard Berry : “L’ordinateur est complètement con.” », *L’Obs,* 21/11/2016 : https://www.nouvelobs.com/rue89/rue89-le-grand-entretien/20160826.RUE7684/gerard-berry-l-ordinateur-est-completement-con.html

8. *Sciences et Avenir* avec Reuters, « L’Union Européenne veut encadrer l’usage de l’intelligence artificielle », *Sciences et Avenir,* 21/04/2021 : https://www.sciencesetavenir.fr/high-tech/intelligence-artificielle/l-ue-veut-encadrer-l-usage-de-l-intelligence-artificielle_153625

9. Buolamwini J., Gebru T., “Gender Shades : Intersectional Accuracy Disparities in Commercial Gender Classification”, Proceedings of the 1st Conference on Fairness, Accountability and Transparency, *PMLR* 81:77-91, 2018 : https://proceedings. mlr.press/v81/buolamwini18a.html

10. Bogert E., Schecter A., Watson RT., “Humans rely more on algorithms than social influence as a task becomes more difficult”, *Scientific reports,* vol. 11,1 8028, 13/04/2021 : https://pubmed.ncbi.nlm.nih.gov/33850211/

11. Park A., Chute C., Rajpurkar P., et al., “Deep Learning-Assisted Diagnosis of Cerebral Aneurysms Using the HeadXNet Model”, *JAMA Netw Open,* 05/06/2019 : https://pubmed.ncbi.nlm.nih.gov/31173130/

12. McKinney SM., Sieniek M., Godbole V., et al., "International evaluation of an AI system for breast cancer screening", *Nature*, 01/2020 : https://pubmed.ncbi.nlm.nih.gov/31894144/

13. Weng SF., Vaz L., Qureshi N., Kai J., "Prediction of premature all-cause mortality : A prospective general population cohort study comparing machine-learning and standard epidemiological approaches", *PLoS One*, 27/03/2019 : https://pubmed.ncbi.nlm.nih.gov/30917171/

14. Devillard A., « Pour prédire la récidive, l'intérêt limité des algorithmes », *Sciences et Avenir*, 27/01/2018 : https://www.sciencesetavenir.fr/high-tech/intelligence-artificielle/pour-predire-la-recidive-l-interet-limite-des-algorithmes_120238

15. Angwin J., "Make Algorithms Accountable", Opinion, *The New York Times*, 01/08/2016 : https://www.nytimes.com/2016/08/01/opinion/make-algorithms-accountable.html

16. Regulation (EU) 2016/679 of the European Parliament and of the Council of 27 April 2016 on the protection of natural persons with regard to the processing of personal data and on the free movement of such data, and repealing Directive 95/46/EC. EUR-Lex, voir https://eur-lex.europa.eu/legal-content/EN/ALL/?uri=CELEX%3A32016R0679

17. Deadwyler SA., Hampson RE., Song D., et al., "A cognitive prosthesis for memory facilitation by closed-loop functional ensemble stimulation of hippocampal neurons in primate brain", *Exp Neurol*, 01/2017 : https://pubmed.ncbi.nlm.nih.gov/27233622/

18. Hampson RE., Song D., Robinson BS., et al., "Developing a hippocampal neural prosthetic to facilitate human memory encoding and recall", *J Neural Eng*, 06/2018 : https://www.ncbi.nlm.nih.gov/pmc/articles/PMC6576290/

19. Deadwyler SA., Berger TW., Sweatt AJ., et al., "Donor/recipient enhancement of memory in rat hippocampus", *Front Syst*

Neurosci, 26/12/2013 : https://www.ncbi.nlm.nih.gov/pmc/articles/PMC3872745/

20. Braingrade – A Better Future : https://braingrade.io

21. Toyohashi University of Technology, "Success in recognizing digits and monosyllables with high accuracy from brain activity measurement", *EurekAlert !,* 17/04/2017 : https://eurekalert.org/pub_releases/2017-04/tuot-sir041417.php

22. Wen H., Shi J., Zhang Y., Lu KH., Cao J., Liu Z., "Neural Encoding and Decoding with Deep Learning for Dynamic Natural Vision", *Cereb Cortex,* 01/12/2018 : https://pubmed.ncbi.nlm.nih.gov/29059288/

23. Stocco A., Prat CS., Losey DM., et al., "Playing 20 Questions with the Mind : Collaborative Problem Solving by Humans Using a Brain-to-Brain Interface", *PLoS One,* 23/09/2015 : https://pubmed.ncbi.nlm.nih.gov/26398267/

24. Grau C., Ginhoux R., Riera A., et al., "Conscious brain-to-brain communication in humans using non-invasive technologies", *PLoS One,* 19/08/2014 : https://www.ncbi.nlm.nih.gov/pmc/articles/PMC4138179/

25. Schoefs H., « La télépathie : lire dans les pensées, est-ce possible ? », *Sciences et Avenir,* 29/03/2021 : https://www.sciencesetavenir.fr/sante/cerveau-et-psy/aux-origines-de-la-telepathie_152573

26. Mashat M. E. M., Li G., Zhang D., "Human-to-human closed-loop control based on brain-to-brain interface and muscle-to-muscle interface", *Sci Rep* 7, 08/09/2017 : https://www.nature.com/articles/s41598-017-10957-z#citeas

27. Zhang S., Yuan S., Huang L., et al., "Human Mind Control of Rat Cyborg's Continuous Locomotion with Wireless Brain-to-Brain Interface", *Sci Rep 9,* 04/02/2019 : https://www.nature.com/articles/s41598-018-36885-0#citeas

Deuxième partie
Optimiser les prochaines générations

Nos enfants, cultivés en laboratoire ?

1. The He Lab, *About Lulu and Nana : Twin Girls Born Healthy After Gene Surgery As Single-Cell Embryos*, 2018 : https://www.youtube.com/watch?v=th0vnOmFltc

2. Regalado A., "China's CRISPR twins might have had their brains inadvertently enhanced", *MIT Technology Review*, 21/02/2019 : https://www.technologyreview.com/2019/02/21/137309/the-crispr-twins-had-their-brains-altered/

3. Li J.-R., Walker S., Nie J.-B., Zhang X.-Q., "Experiments that led to the first gene-edited babies : the ethical failings and the urgent need for better governance", *J Zhejiang Univ Sci B*, 01/2019 : https://pubmed.ncbi.nlm.nih.gov/30614228/

4. Regan H., Wright R., Field A., "Chinese gene-editing scientist defends his research, raises possibility of third baby", CNN, 29/11/2018 : https://edition.cnn.com/2018/11/28/health/genetic-editing-he-speaks-int/index.html

5. Human Genome Editing Report : http://nasonline.org/news-and-multimedia/news/Human-Genome-Editing-Report.html

6. International Summit on Human Gene Editing, National Academies : https://www.nationalacademies.org/our-work/international-summit-on-human-gene-editing

7. Saha K., Hurlbut JB., Jasanoff S., et al., "Building Capacity for a Global Genome Editing Observatory : Institutional Design", *Trends Biotechnol*, 08/2018 : https://pubmed.ncbi.nlm.nih.gov/29891181/

8. Jinek M., Chylinski K., Fonfara I., Hauer M., Doudna JA., Charpentier E., "A programmable dual-RNA-guided DNA endonuclease in adaptive bacterial immunity", *Science*, 17/08/2012 : https://science.sciencemag.org/content/337/6096/816

9. Allen F., Crepaldi L., Alsinet C., et al., "Predicting the mutations generated by repair of Cas9-induced double-strand breaks", *Nat Biotechnol,* 27/11/2018 : https://pubmed.ncbi.nlm.nih.gov/30480667/

10. Sharma G., Sharma AR., Bhattacharya M., Lee S.-S., Chakraborty C., "CRISPR-Cas9 : A Preclinical and Clinical Perspective for the Treatment of Human Diseases", *Mol Ther,* 03/02/2021 : https://pubmed.ncbi.nlm.nih.gov/33238136/

11. Baumann M., "CRISPR/Cas9 genome editing – new and old ethical issues arising from a revolutionary technology", *Nanoethics,* 30/04/2016 : https://link.springer.com/article/10.1007/s11569-016-0259-0

12. Wang C., Zhai X., Zhang X., et al., "Gene-edited babies : Chinese Academy of Medical Sciences response and action", *Lancet,* 05/01/2019 : https://pubmed.ncbi.nlm.nih.gov/30522918/

13. Collins FS., "Statement on Claim of First Gene-Edited Babies by Chinese Researcher", National Institutes of Health (NIH), 28/11/2018 : https://www.nih.gov/about-nih/who-we-are/nih-director/statements/statement-claim-first-gene-edited-babies-chinese-researcher

14. Statement by the Organizing Committee of the Second International Summit on Human Genome Editing, National Academies : https://www.nationalacademies.org/news/2018/11/statement-by-the-organizing-committee-of-the-second-international-summit-on-human-genome-editing

15. Regalado A., "Engineering the Perfect Baby", *MIT Technology Review,* 05/03/2015 : https://www.technologyreview.com/2015/03/05/249167/engineering-the-perfect-baby/

16. Davies K., Church GM., "Radical Technology Meets Radical Application : An Interview with George Church", *CRISPR J.,* 12/2019 : https://pubmed.ncbi.nlm.nih.gov/31860351/

17. Regalado A., "Engineering the Perfect Baby", art. cité.

18. Liang P., Xu Y., Zhang X., et al., "CRISPR/Cas9-mediated gene editing in human tripronuclear zygotes", *Protein Cell*, 05/2015 : https://pubmed.ncbi.nlm.nih.gov/25894090/

19. "More than 60 % of Chinese people view gene editing therapeutics favorably", *Global Times*, 09/11/2018 : https://www.globaltimes.cn/content/1126725.shtml

20. Lei R., Qiu R., "Ethical and regulatory issues in human gene editing : Chinese perspective", *Biotechnol Appl Biochem*, 04/10/2020 : https://iubmb.onlinelibrary.wiley.com/doi/abs/10.1002/bab.2032

21. Zhai X., Lei R., Zhu W., Qiu R., "Chinese Bioethicists Respond to the Case of He Jiankui", The Hastings Center, 07/02/2019 : https://www.thehastingscenter.org/chinese-bioethicists-respond-case-jiankui/

22. *Ibid.*

23. General Provisions of the Civil Law of the People's Republic of China : http://www.npc.gov.cn/englishnpc/lawsoftheprc/202001/c983fc8d3782438fa775a9d67d6e82d8.shtml

Plus besoin de parents ?

1. Levine H., Jørgensen N., Martino-Andrade A., et al., "Temporal trends in sperm count : a systematic review and meta-regression analysis", *Hum Reprod Update*, 01/11/2017 : https://pubmed.ncbi.nlm.nih.gov/28981654/

2. Rolland M., Le Moal J., Wagner V., Royère D., De Mouzon J., "Decline in semen concentration and morphology in a sample of 26,609 men closes to general population between 1989 and 2005 in France", *Hum Reprod*, 02/2013 : https://pubmed.ncbi.nlm.nih.gov/23213178/

3. Sengupta P., Nwagha U., Dutta S., Krajewska-Kulak E., Izuka E., "Evidence for decreasing sperm count in African population from 1965 to 2015", *Afr Health Sci*, 06/2017 : https://www.ncbi.nlm.nih.gov/pmc/articles/PMC5637027/

4. McKirdy E., "Study : China faces 'unstoppable' population decline by mid-century", CNN, 08/01/2019 : https://edition.cnn.com/2019/01/07/asia/china-population-decline-study-intl/index.html

5. La rédaction d'Allodocteurs.fr, « PMA : une naissance sur trente en France », Franceinfo, 04/06/2018 : https://www.francetvinfo.fr/sante/grossesse/pma-une-naissance-sur-trente-en-france_2785625.html

6. AFP, « Bioéthique : le Sénat vote la PMA pour toutes, mais pas le remboursement pour toutes », *Sciences et Avenir*, 23/01/2020 : https://www.sciencesetavenir.fr/sante/bioethique-le-senat-vote-la-pma-pour-toutes-mais-pas-le-remboursement-pour-toutes_140753

7. López-Casas PP., Mizrak SC., López-Fernández LA., Paz M., de Rooij DG., del Mazo J., "The effects of different endocrine disruptors defining compound-specific alterations of gene expression profiles in the developing testis", *Reprod Toxicol*, 01/2012 : https://pubmed.ncbi.nlm.nih.gov/22240090/

8. Ben Maamar M., Lesné L., Desdoits-Lethimonier C., et al., "An investigation of the endocrine-disruptive effects of bisphenol a in human and rat fetal testes", *PLoS One*, 04/05/2015 : https://journals.plos.org/plosone/article?id=10.1371/journal.pone.0117226

9. Zhang P.-Y., Fan Y., Tan T., Yu Y., "Generation of Artificial Gamete and Embryo From Stem Cells in Reproductive Medicine", *Front Bioeng Biotechnol*, 22/07/2020 : https://pubmed.ncbi.nlm.nih.gov/32793569/

10. Takahashi K., Yamanaka S., "Induction of pluripotent stem cells from mouse embryonic and adult fibroblast cultures by defined factors", *Cell*, 25/08/2006 : https://pubmed.ncbi.nlm.nih.gov/16904174/

11. Panula S., Medrano JV., Kee K., et al., "Human germ cell differentiation from fetal – and adult – derived induced pluripotent

stem cells", *Hum Mol Genet,* 15/02/2011 : https://pubmed.ncbi.nlm.nih.gov/21131292/

12. Hendriks S., Dancet EAF., van Pelt AMM., Hamer G., Repping S., "Artificial gametes : a systematic review of biological progress towards clinical application", *Hum Reprod Update,* 2015 : https://pubmed.ncbi.nlm.nih.gov/25609402/

13. Laronda MM., Rutz AL., Xiao S., et al., "A bioprosthetic ovary created using 3D printed microporous scaffolds restores ovarian function in sterilized mice", *Nat Commun,* 16/05/2017 : https://www.nature.com/articles/ncomms1526

14. Hendriks S., Dancet EAF., van Pelt AMM., Hamer G., Repping S., "Artificial gametes : a systematic review of biological progress towards clinical application", art. cité.

15. Eguizabal C., Montserrat N., Vassena R., et al., "Complete meiosis from human induced pluripotent stem cells", *Stem Cells,* 08/2011 : https://pubmed.ncbi.nlm.nih.gov/21681858/

16. Kerkis A., Fonseca SAS., Serafim RC., et al., "In vitro differentiation of male mouse embryonic stem cells into both presumptive sperm cells and oocytes", *Cloning Stem Cells,* 2007 : https://pubmed.ncbi.nlm.nih.gov/18154514/

17. Hunt PA., Hassold TJ., "Sex matters in meiosis", *Science,* 21/06/2002 : https://pubmed.ncbi.nlm.nih.gov/12077403/

18. Gutierrez C. N., Pertuiset C., Dumon E., et al., "Mutation m.3395A>G in MT-ND1 leads to variable pathologic manifestations", *Hum Mol Genet,* 15/04/2020 : https://pubmed.ncbi.nlm.nih.gov/32011699/

19. Schaefer AM., McFarland R., Blakely EL., et al., "Prevalence of mitochondrial DNA disease in adults", *Ann Neurol,* 01/2008 : https://pubmed.ncbi.nlm.nih.gov/17886296/

20. Yamada M., Sato S., Ooka R., et al., "Mitochondrial replacement by genome transfer in human oocytes : Efficacy, concerns, and

legality", *Reprod Med Biol,* 03/11/2021 : https://pubmed.ncbi.nlm.nih.gov/33488283/

21. Zhang J., Liu H., Luo S., et al., "Live birth derived from oocyte spindle transfer to prevent mitochondrial disease", *Reprod Biomed Online,* 04/2017 : https://pubmed.ncbi.nlm.nih.gov/28385334/

22. Sharpley MS., Marciniak C., Eckel-Mahan K., et al., "Heteroplasmy of mouse mtDNA is genetically unstable and results in altered behavior and cognition", *Cell,* 12/10/2012 : https://pubmed.ncbi.nlm.nih.gov/23063123/

23. Baylis F., "'No' to lesbian motherhood using human nuclear genome transfer", *J Med Ethics,* 12/2018 : https://pubmed.ncbi.nlm.nih.gov/29802119/

24. Yu L., Wei Y., Duan J., et al., "Blastocyst-like structures generated from human pluripotent stem cells", *Nature,* 03/2021 : https://pubmed.ncbi.nlm.nih.gov/33731924/ ; Liu X., Tan JP., Schröder J., et al., "Modelling human blastocysts by reprogramming fibroblasts into iBlastoids", *Nature,* 03/2021 : https://pubmed.ncbi.nlm.nih.gov/33731926/

25. Rivron NC., Frias-Aldeguer J., Vrij EJ., et al., "Blastocyst-like structures generated solely from stem cells", *Nature,* 05/2018 : https://pubmed.ncbi.nlm.nih.gov/29720634/

26. Li R., Zhong C., Yu Y., et al., "Generation of Blastocyst-like Structures from Mouse Embryonic and Adult Cell Cultures", *Cell,* 17/10/2019 : https://pubmed.ncbi.nlm.nih.gov/31626770/

27. Wu J., Greely HT., Jaenisch R., Nakauchi H., Rossant J., Belmonte JCI., "Stem cells and interspecies chimaeras", *Nature,* 01/12/2016 : https://pubmed.ncbi.nlm.nih.gov/27905428/ ; Zheng C., Hu Y., Sakurai M., et al., "Cell competition constitutes a barrier for interspecies chimerism", *Nature,* 04/2021 : https://pubmed.ncbi.nlm.nih.gov/33508854/ ; Suzuki K., Tsunekawa Y., Hernandez-Benitez R., et al., "In vivo genome editing via CRISPR/Cas9 mediated homology-independent targeted

integration", *Nature*, 01/12/2016 : https://pubmed.ncbi.nlm.nih.gov/27851729/ ; Kang E., Wu J., Gutierrez NM., et al., "Mitochondrial replacement in human oocytes carrying pathogenic mitochondrial DNA mutations", *Nature*, 08/12/2016 : https://pubmed.ncbi.nlm.nih.gov/27919073/

28. Projet de loi relatif à la bioéthique (SSAX1917211L) – Dossiers législatifs – Légifrance : https://www.legifrance.gouv.fr/dossierlegislatif/JORFDOLE000038811571/

29. Lovell-Badge R., Anthony E., Barker RA., et al. "ISSCR Guidelines for Stem Cell Research and Clinical Translation : The 2021 update", *Stem Cell Reports*, 08/06/2021 : https://www.sciencedirect.com/science/article/pii/S2213671121002630

30. Gutierrez C. N., « Plus de limites pour la culture en laboratoire d'embryons humains ? », *Sciences et Avenir*, 02/06/2021 : https://www.sciencesetavenir.fr/sante/plus-de-limites-pour-la-culture-en-laboratoire-d-embryons-humains_154715

31. Hadfield P., "Japanese pioneers raise kid in rubber womb", *New Scientist*, 24/04/1992 : https://www.newscientist.com/article/mg13418180-400-japanese-pioneers-raise-kid-in-rubber-womb/

32. Partridge EA., Davey MG., Hornick MA., et al., "An extra-uterine system to physiologically support the extreme premature lamb", *Nat Commun*, 25/04/2017 : https://pubmed.ncbi.nlm.nih.gov/28440792/

33. "Multimillion grant brings artificial womb one step close", Eindhoven University of Technology, 08/10/2019 : https://www.tue.nl/en/news/news-overview/08-10-2019-multimillion-grant-brings-artificial-womb-one-step-closer/

34. Devlin H., "Artificial womb for premature babies successful in animal trials", *The Guardian*, 25/04/2017 : https://www.theguardian.com/science/2017/apr/25/artificial-womb-for-premature-babies-successful-in-animal-trials-biobag

35. Aguilera-Castrejon A., Oldak B., Shani T., et al., "Ex utero mouse embryogenesis from pre-gastrulation to late organogenesis", *Nature*, 05/2021 : https://pubmed.ncbi.nlm.nih.gov/33731940/

36. « Mortalité maternelle », OMS, 19/09/2019 : https://www.who.int/fr/news-room/fact-sheets/detail/maternal-mortality

37. Communiqué – Salle de presse Inserm, « Mortalité maternelle : la baisse amorcée des décès par hémorragie se confirme mais des inégalités demeurent » : https://presse.inserm.fr/mortalite-maternelle-la-baisse-amorcee-des-deces-par-hemorragie-se-confirme-mais-des-inegalites-demeurent/29508/

38. Bhatia N., Kendal E., "We may one day grow babies outside the womb, but there are many things to consider first", *The Conversation*, 10/11/2019 : https://theconversation.com/we-may-one-day-grow-babies-outside-the-womb-but-there-are-many-things-to-consider-first-125709

Troisième partie
Vaincre la vieillesse et atteindre l'immortalité

Les fermes à organes

1. « L'espérance de vie en France », Ined (Institut national d'études démographiques), 2018 : https://www.ined.fr/fr/tout-savoir-population/graphiques-cartes/graphiques-interpretes/esperance-vie-france/

2. Santé publique France, bulletin épidémiologique hebdomadaire, 12 novembre 2019, n° 29-30, « Surveillance de la mortalité par cause médicale en France : les dernières évolutions » : https://www.santepubliquefrance.fr/docs/bulletin-epidemiologique-hebdomadaire-12-novembre-2019-n-29-30-surveillance-de-la-mortalite-par-cause-medicale-en-france-les-dernieres-evolutions

3. Parry T., “Heart and Lung”, *Jefferson Innovator Magazine*, 11/09/2020 : https://magazine.jefferson.edu/issues/fall-2020/heart-and-lung.html

4. Altman L. K., “Barney Clark dies on 112th day with permanent artificial heart”, *The New York Times*, 24/03/1983 : https://www.nytimes.com/1983/03/24/obituaries/barney-clark-dies-on-112th-day-with-permanent-artificial-heart.html

5. Gaubert C., « Reportage. Visite de l’unité de production des prothèses de cœur Carmat », *Sciences et Avenir*, 21/12/2018, https://www.sciencesetavenir.fr/sante/coeur-et-cardio/reportage-la-fabrication-des-coeurs-artificiels-carmat_130368

6. « Le premier cœur artificiel conçu par Carmat vendu en Italie », *Sud-Ouest*, 19/07/2021 : https://www.sudouest.fr/sciences-et-technologie/le-premier-coeur-artificiel-concu-par-carmat-vendu-en-italie-4200702.php

7. « Les premiers cœurs artificiels de Carmat bientôt commercialisés en Europe », *Le Figaro*, 06/01/2021 : https://www.lefigaro.fr/secteur/high-tech/les-premiers-coeurs-artificiels-de-carmat-bientot-commercialises-en-europe-20210106

8. Gupta SK., Mishra NC., Dhasmana A., “Decellularization Methods for Scaffold Fabrication”, *Methods Mol Biol*, 14/01/2018 : https://pubmed.ncbi.nlm.nih.gov/28550502/

9. Edgar L., Pu T., Porter B., et al., “Regenerative medicine, organ bioengineering and transplantation”, *Br J Surg*, 28/05/2020 : https://bjssjournals.onlinelibrary.wiley.com/doi/abs/10.1002/bjs.11686

10. Aspect Biosystems : https://www.aspectbiosystems.com/

11. Gardner RL., Johnson MH., “Investigation of early mammalian development using interspecific chimaeras between rat and mouse”, *Nat New Biol*, 21/11/1973 : https://pubmed.ncbi.nlm.nih.gov/4586447/

12. Rossant J., Frels W., "Interspecific chimeras in mammals : successful production of live chimeras between Mus musculus and Mus caroli", *Science,* 1980 : https://www.semanticscholar.org/paper/Interspecific-chimeras-in-mammals%3A-successful-of-Rossant-Frels/75572954fc8caf9af2dd6a4b04147a0f9c69cb0d

13. Kobayashi T., Yamaguchi T., Hamanaka S., et al., "Generation of rat pancreas in mouse by interspecific blastocyst injection of pluripotent stem cells", *Cell,* 03/09/2010 : https://pubmed.ncbi.nlm.nih.gov/20813264/

14. Suchy F., Nakauchi H., "Lessons from Interspecies Mammalian Chimeras", *Annu Rev Cell Dev Biol,* 06/10/2017 : https://pubmed.ncbi.nlm.nih.gov/28806099/ ; Morata Tarifa C., López Navas L., Azkona G., Sánchez Pernaute R. "Chimeras for the twenty-first century", *Crit Rev Biotechnol,* 05/2020 : https://pubmed.ncbi.nlm.nih.gov/32054356/

15. Matsunari H., Nagashima H., Watanabe M., et al., "Blastocyst complementation generates exogenic pancreas in vivo in apancreatic cloned pigs", *Proc Natl Acad Sci U S A,* 19/03/2013 : https://pubmed.ncbi.nlm.nih.gov/23431169/ ; Aravalli RN., "Generating liver using blastocyst complementation: Opportunities and challenges", *Xenotransplantation,* 03/2021 : https://pubmed.ncbi.nlm.nih.gov/33372360/

16. Wu J., Platero-Luengo A., Sakurai M., et al., "Interspecies Chimerism with Mammalian Pluripotent Stem Cells", *Cell,* 26/01/2017 : https://pubmed.ncbi.nlm.nih.gov/28129541/

17. Fu R., Yu D., Ren J., et al., "Domesticated cynomolgus monkey embryonic stem cells allow the generation of neonatal interspecies chimeric pigs", *Protein Cell,* 28/11/2019 : https://link.springer.com/article/10.1007/s13238-019-00676-8

18. Tan T., Wu J., Si C., et al., "Chimeric contribution of human extended pluripotent stem cells to monkey embryos ex vivo", *Cell,* 15/04/2021 : https://pubmed.ncbi.nlm.nih.gov/33861963/

19. Makowa L., Cramer DV., Hoffman A., et al., "The use of a pig liver xenograft for temporary support of a patient with fulminant hepatic failure", *Transplantation*, 27/01/1995 : https://pubmed.ncbi.nlm.nih.gov/7604434/

20. Mohiuddin MM., Singh AK., Corcoran PC., et al., "Chimeric 2C10R4 anti-CD40 antibody therapy is critical for long-term survival of GTKO. hCD46.hTBM pig-to-primate cardiac xenograft", *Nat Commun*, 05/04/2016 : https://pubmed.ncbi.nlm.nih.gov/27045379/

21. Crane AT., Voth JP., Shen FX., Low WC., "Concise Review : Human-Animal Neurological Chimeras : Humanized Animals or Human Cells in an Animal ?", *Stem Cells*, 04/2019 : https://pubmed.ncbi.nlm.nih.gov/30629789/

22. Bourret R., Martinez E., Vialla F., Giquel C., Thonnat-Marin A., De Vos J., "Human-animal chimeras : ethical issues about farming chimeric animals bearing human organs", *Stem Cell Res Ther*, 29/06/2016 : https://stemcellres.biomedcentral.com/articles/10.1186/s13287-016-0345-9

23. Sawai T., Hatta T., Fujita M., "Japan Significantly Relaxes Its Human-Animal Chimeric Embryo Research Regulations", *Cell Stem Cell*, 4/04/2019 : https://pubmed.ncbi.nlm.nih.gov/30951660/

La mort du vieillissement

1. United Nations, Department of Economic and Social Affairs, Population Division, *World Population Ageing, 2019, Highlights*, 2020 : https://www.un.org/en/development/desa/population/publications/pdf/ageing/WorldPopulationAgeing2019-Highlights.pdf

2. *Ibid.*

3. *Ibid.*

4. Deluzarche C., « Les causes de la mortalité en France », *Futura,* 29/11/2019 : https://www.futura-sciences.com/sante/questions-reponses/medecine-causes-mortalite-france-12688/

5. FastStats, 09/04/2021 : https://www.cdc.gov/nchs/fastats/deaths.htm ; Li Z., Zhang Z., Ren Y., et al., "Aging and age-related diseases : from mechanisms to therapeutic strategies", *Biogerontology,* 04/2021 : https://pubmed.ncbi.nlm.nih.gov/33502634/

6. Ginn SL., Amaya AK., Alexander IE., Edelstein M., Abedi MR., "Gene therapy clinical trials worldwide to 2017 : An update", *J Gene Med,* 05/2018 : https://pubmed.ncbi.nlm.nih.gov/29575374/

7. Zhang W-W., Li L., Li D., et al., "The First Approved Gene Therapy Product for Cancer Ad-p53 (Gendicine) : 12 Years in the Clinic", *Hum Gene Ther,* 29/02/2018 : https://pubmed.ncbi.nlm.nih.gov/29338444/

8. Liu Y., Chen X., Han W., Zhang Y., "Tisagenlecleucel, an approved anti-CD19 chimeric antigen receptor T-cell therapy for the treatment of leukemia", *Drugs Today (Barc),* 11/2017 : https://pubmed.ncbi.nlm.nih.gov/29451276/

9. Hu B., Zhong L., Weng Y., et al., "Therapeutic siRNA : state of the art", *Signal Transduct Target Ther,* 19/06/2020 : https://pubmed.ncbi.nlm.nih.gov/32561705/

10. Lu Y., Xue J., Deng T., et al., "Safety and feasibility of CRISPR-edited T cells in patients with refractory non-small-cell lung cancer", *Nat Med,* 05/2020 : https://pubmed.ncbi.nlm.nih.gov/32341578/

11. Gabisonia K., Recchia FA., "Gene Therapy for Heart Failure : New Perspectives", *Curr Heart Fail Rep,* 12/2018 : https://pubmed.ncbi.nlm.nih.gov/30238397/

12. Wade N., "Patient Dies During a Trial Of Therapy Using Genes", *The New York Times,* 29/09/1999 : https://www.nytimes.com/1999/09/29/us/patient-dies-during-a-trial-of-therapy-using-genes.html

13. Watanabe S., Ishikawa K., Fish K., et al., "Protein Phosphatase Inhibitor-1 Gene Therapy in a Swine Model of Nonischemic Heart Failure", *J Am Coll Cardiol,* 03/10/2017 : https://pubmed.ncbi.nlm.nih.gov/28958332/ ; Kawase Y., Ly HQ., Prunier F., et al., "Reversal of cardiac dysfunction after long-term expression of SERCA2a by gene transfer in a pre-clinical model of heart failure", *J Am Coll Cardiol,* 18/03/2008 : https://pubmed.ncbi.nlm.nih.gov/18342232/ ; Lai NC., Roth DM., Gao MH., et al. "Intracoronary adenovirus encoding adenylyl cyclase VI increases left ventricular function in heart failure", *Circulation,* 12/07/2004 : https://www.ahajournals.org/doi/10.1161/01.CIR.0000136033.21777.4D ; Roth DM., Bayat H., Drumm JD., et al. "Adenylyl cyclase increases survival in cardiomyopathy", *Circulation,* 01/04/2002 : https://www.ahajournals.org/doi/full/10.1161/01.CIR.0000014968.54967.D3

14. Jessup M., Greenberg B., Mancini D., et al., "Calcium Upregulation by Percutaneous Administration of Gene Therapy in Cardiac Disease (CUPID) : a phase 2 trial of intracoronary gene therapy of sarcoplasmic reticulum Ca2+-ATPase in patients with advanced heart failure", *Circulation,* 19/07/2011 : https://pubmed.ncbi.nlm.nih.gov/21709064/ ; Hammond HK., Penny WF., Traverse JH., et al., "Intracoronary Gene Transfer of Adenylyl Cyclase 6 in Patients With Heart Failure : A Randomized Clinical Trial", *JAMA Cardiol,* 01/05/2016 : https://pubmed.ncbi.nlm.nih.gov/27437887/

15. Greenberg B., Butler J., Felker GM., et al., "Calcium upregulation by percutaneous administration of gene therapy in patients with cardiac disease (CUPID 2) : a randomised, multinational, double-blind, placebo-controlled, phase 2b trial", *Lancet,* 19/03/2016 : https://pubmed.ncbi.nlm.nih.gov/26803443/

16. Eulalio A., Mano M., Dal Ferro M., et al., "Functional screening identifies miRNAs inducing cardiac regeneration", *Nature,* 20/12/2012 : https://pubmed.ncbi.nlm.nih.gov/23222520/

17. Gabisonia K., Prosdocimo G., Aquaro GD., et al., “MicroRNA therapy stimulates uncontrolled cardiac repair after myocardial infarction in pigs”, *Nature,* 05/2019 : https://pubmed.ncbi.nlm.nih.gov/31068698/

18. “REANIMA : toward a new paradigm in cardiac regeneration”, The Research Institute of Molecular Pathology, 29/10/2019 : https://www.imp.ac.at/news/article/reanima-toward-a-new-paradigm-in-cardiac-regeneration/

19. Sanches C., Stengel C., Godard J., et al., “Past, Present, and Future of Non-invasive Brain Stimulation Approaches to Treat Cognitive Impairment in Neurodegenerative Diseases : Time for a Comprehensive Critical Review”, *Front Aging Neurosci,* 20/01/2021 : https://pubmed.ncbi.nlm.nih.gov/33551785/

20. *Ibid.*

21. Barker AT., Jalinous R., Freeston IL., “Non-invasive magnetic stimulation of human motor cortex”, *Lancet,* 11/05/1985 : https://pubmed.ncbi.nlm.nih.gov/2860322/

22. Rossi S., Hallett M., Rossini PM., Pascual-Leone A., Safety of TMS Consensus Group, “Safety, ethical considerations, and application guidelines for the use of transcranial magnetic stimulation in clinical practice and research”, *Clin Neurophysiol,* 12/2009 : https://pubmed.ncbi.nlm.nih.gov/19833552/

23. Bikson M., Rahman A., Datta A., Fregni F., Merabet L., “High-resolution modeling assisted design of customized and individualized transcranial direct current stimulation protocols”, *Neuromodulation,* 10/07/2012 : https://www.ncbi.nlm.nih.gov/pmc/articles/PMC3418452/

24. Brem A-K., Di Iorio R., Fried PJ., et al., “Corticomotor Plasticity Predicts Clinical Efficacy of Combined Neuromodulation and Cognitive Training in Alzheimer’s Disease”, *Front Aging Neurosci,* 08/07/2020 : https://pubmed.ncbi.nlm.nih.gov/32733232/ ; Koch G., Bonnì S., Pellicciari MC., et al., “Transcranial magnetic

stimulation of the precuneus enhances memory and neural activity in prodromal Alzheimer's disease", *Neuroimage*, 01/04/2018 : https://pubmed.ncbi.nlm.nih.gov/29277405/

25. Brys M., Fox MD., Agarwal S., et al. "Multifocal repetitive TMS for motor and mood symptoms of Parkinson disease : A randomized trial", *Neurology*, 01/11/2016 : https://pubmed.ncbi.nlm.nih.gov/27708129/

26. Luo Y., Sun Y., Tian X., et al., "Deep Brain Stimulation for Alzheimer's Disease : Stimulation Parameters and Potential Mechanisms of Action", *Front Aging Neurosci*, 11/03/2021 : https://pubmed.ncbi.nlm.nih.gov/33776742/

27. Stone SSD., Teixeira CM., Devito LM., et al., "Stimulation of entorhinal cortex promotes adult neurogenesis and facilitates spatial memory", *J Neurosci*, 21/09/2011 : https://pubmed.ncbi.nlm.nih.gov/21940440/

28. Yu D., Yan H., Zhou J., Yang X., Lu Y., Han Y., "A circuit view of deep brain stimulation in Alzheimer's disease and the possible mechanisms", *Mol Neurodegener*, 08/08/2019 : https://pubmed.ncbi.nlm.nih.gov/31395077/

29. Gallino D., Devenyi GA., Germann J., Guma E., Anastassiadis C., Chakravarty MM., "Longitudinal assessment of the neuroanatomical consequences of deep brain stimulation : Application of fornical DBS in an Alzheimer's mouse model", *Brain Res*, 15/07/2019 : https://pubmed.ncbi.nlm.nih.gov/30926457/

30. Dorsey ER., Bloem BR., "The Parkinson Pandemic-A Call to Action", *JAMA Neurol*, 01/01/2018 : https://pubmed.ncbi.nlm.nih.gov/29131880/

31. Benabid AL., Chabardes S., Mitrofanis J., Pollak P., "Deep brain stimulation of the subthalamic nucleus for the treatment of Parkinson's disease", *Lancet Neurol*, 08/01/2009 : https://pubmed.ncbi.nlm.nih.gov/19081516/

32. Camara C., Subramaniyam NP., Warwick K., Parkkonen L., Aziz T., Pereda E., “Non-Linear Dynamical Analysis of Resting Tremor for Demand-Driven Deep Brain Stimulation”, *Sensors (Basel)*, 31/05/2019 : https://www.ncbi.nlm.nih.gov/pmc/articles/PMC6603524/

33. Vijg J., Dong X., “Pathogenic Mechanisms of Somatic Mutation and Genome Mosaicism in Aging”, *Cell*, 09/07/2020 : https://pubmed.ncbi.nlm.nih.gov/32649873/ ; Schumacher B., Pothof J., Vijg J., Hoeijmakers JHJ., “The central role of DNA damage in the ageing process”, *Nature*, 04/2021 : https://pubmed.ncbi.nlm.nih.gov/33911272/

34. Drake JW., Charlesworth B., Charlesworth D., Crow JF., “Rates of spontaneous mutation”, *Genetics*, 04/1998 : https://pubmed.ncbi.nlm.nih.gov/9560386/

35. Vijg J., Dong X., “Pathogenic Mechanisms of Somatic Mutation and Genome Mosaicism in Aging”, art. cité ; Schumacher B., Pothof J., Vijg J., Hoeijmakers JHJ., “The central role of DNA damage in the ageing process”, art. cité.

36. *Ibid.*

37. Palmer SC., Mavridis D., Nicolucci A., et al., “Comparison of Clinical Outcomes and Adverse Events Associated With Glucose-Lowering Drugs in Patients With Type 2 Diabetes : A Meta-analysis”, *JAMA*, 19/07/2016 : https://pubmed.ncbi.nlm.nih.gov/27434443/

38. Barzilai N., Crandall JP., Kritchevsky SB., “Espeland MA. Metformin as a Tool to Target Aging”, *Cell Metab*, 14/06/2016 : https://pubmed.ncbi.nlm.nih.gov/27304507/

39. Cabreiro F., Au C., Leung K-Y., et al., “Metformin retards aging in C. elegans by altering microbial folate and methionine metabolism”, *Cell*, 28/03/2013 : https://pubmed.ncbi.nlm.nih.gov/23540700/

40. Algire C., Moiseeva O., Deschênes-Simard X., et al., "Metformin reduces endogenous reactive oxygen species and associated DNA damage", *Cancer Prev Res (Phila)*, 04/2012 : https://pubmed.ncbi.nlm.nih.gov/22262811/

41. Farr SA., Roesler E., Niehoff ML., Roby DA., McKee A., Morley JE., "Metformin Improves Learning and Memory in the SAMP8 Mouse Model of Alzheimer's Disease", *J Alzheimers Dis*, 2019 : https://pubmed.ncbi.nlm.nih.gov/30958364/

42. Ou Z., Kong X., Sun X., et al., "Metformin treatment prevents amyloid plaque deposition and memory impairment in APP/PS1 mice", *Brain Behav Immun*, 03/2018 : https://pubmed.ncbi.nlm.nih.gov/29253574/

43. Ng TP., Feng L., Yap KB., Lee TS., Tan CH., Winblad B., "Long-term metformin usage and cognitive function among older adults with diabetes", *J Alzheimers Dis*, 2014 : https://pubmed.ncbi.nlm.nih.gov/24577463/

44. Hasty P., Livi CB., Dodds SG., et al., "eRapa restores a normal life span in a FAP mouse model", *Cancer Prev Res (Phila)*, 01/2014 : https://www.ncbi.nlm.nih.gov/pmc/articles/PMC4058993/

45. Carosi JM., Sargeant TJ., "Rapamycin and Alzheimer disease : a double-edged sword ?", *Autophagy*, 08/2019 : https://pubmed.ncbi.nlm.nih.gov/31066320/

46. Chung CL., Lawrence I., Hoffman M., et al., "Topical rapamycin reduces markers of senescence and aging in human skin : an exploratory, prospective, randomized trial", *Geroscience*, 12/2019 : https://pubmed.ncbi.nlm.nih.gov/31761958/

47. Howitz KT., Bitterman KJ., Cohen HY., et al., "Small molecule activators of sirtuins extend Saccharomyces cerevisiae lifespan", *Nature*, 11/09/2003 : https://pubmed.ncbi.nlm.nih.gov/12939617/ ; Wood JG., Rogina B., Lavu S., et al. "Sirtuin activators mimic caloric restriction and delay ageing in met azoans", *Nature*, 05/08/2004 : https://pubmed.ncbi.nlm.nih.

gov/15254550/ ; Cao W., Dou Y., Li A., "Resveratrol Boosts Cognitive Function by Targeting SIRT1", *Neurochem Res*, 09/2018 : https://pubmed.ncbi.nlm.nih.gov/29943083/ ; Baur JA., Pearson KJ., Price NL., et al., "Resveratrol improves health and survival of mice on a high-calorie diet", *Nature*, 16/11/2006 : https://pubmed.ncbi.nlm.nih.gov/17086191/ ; Gocmez SS., Gacar N., Utkan T., Gacar G., Scarpace PJ., Tumer N., "Protective effects of resveratrol on aging-induced cognitive impairment in rats", *Neurobiol Learn Mem*, 05/2016 : https://pubmed.ncbi.nlm.nih.gov/27040098/

48. Singh AP., Singh R., Verma SS., et al., "Health benefits of resveratrol : Evidence from clinical studies", *Med Res Rev*, 09/2019 : https://pubmed.ncbi.nlm.nih.gov/30741437/

49. Vera E., Bernardes de Jesus B., Foronda M., Flores JM., Blasco MA., "Telomerase reverse transcriptase synergizes with calorie restriction to increase health span and extend mouse longevity", *PLoS One*, 2013 : https://pubmed.ncbi.nlm.nih.gov/23349740/

50. Meydani SN., Das SK., Pieper CF., et al., "Long-term moderate calorie restriction inhibits inflammation without impairing cell-mediated immunity : a randomized controlled trial in non-obese humans", *Aging (Albany NY)*, 07/2016 : https://pubmed.ncbi.nlm.nih.gov/27410480/

51. Most J., Gilmore LA., Smith SR., Han H., Ravussin E., Redman LM., "Significant improvement in cardiometabolic health in healthy nonobese individuals during caloric restriction-induced weight loss and weight loss maintenance", *Am J Physiol Endocrinol Metab*, 01/04/2018 : https://pubmed.ncbi.nlm.nih.gov/29351490/

52. Villareal DT., Fontana L., Das SK., et al., "Effect of Two-Year Caloric Restriction on Bone Metabolism and Bone Mineral Density in Non-Obese Younger Adults : A Randomized Clinical Trial", *J Bone Miner Res*, 01/2016 : https://pubmed.ncbi.nlm.nih.gov/26332798/

53. Zhu Y., Tchkonia T., Pirtskhalava T., et al., "The Achilles' heel of senescent cells : from transcriptome to senolytic drugs", *Aging Cell,* 08/2015 : https://pubmed.ncbi.nlm.nih.gov/25754370/ ; Zhang P., Kishimoto Y., Grammatikakis I., et al., "Senolytic therapy alleviates Aβ-associated oligodendrocyte progenitor cell senescence and cognitive deficits in an Alzheimer's disease model", *Nat Neurosci,* 05/2019 : https://pubmed.ncbi.nlm.nih.gov/30936558/

54. Justice JN., Nambiar AM., Tchkonia T., et al., "Senolytics in idiopathic pulmonary fibrosis : Results from a first-in-human, open-label, pilot study", *EBioMedicine,* 02/2019 : https://pubmed.ncbi.nlm.nih.gov/30616998/

55. Niedernhofer LJ., Robbins PD., "Senotherapeutics for healthy ageing", *Nat Rev Drug Discov,* 05/2018 : https://pubmed.ncbi.nlm.nih.gov/29651106/

56. Wang X., Teng Z., Wang H., et al., "Increasing the cytotoxicity of doxorubicin in breast cancer MCF-7 cells with multidrug resistance using a mesoporous silica nanoparticle drug delivery system", *Int J Clin Exp Pathol,* 15/03/2014 : https://www.ncbi.nlm.nih.gov/pmc/articles/PMC4014214/

57. Adamczyk-Grochala J., Lewinska A., "Nano-Based Theranostic Tools for the Detection and Elimination of Senescent Cells", *Cells,* 10/12/2020 : https://www.mdpi.com/2073-4409/9/12/2659

58. Muñoz-Espín D., Rovira M., Galiana I., et al., "A versatile drug delivery system targeting senescent cells", *EMBO Mol Med,* 09/2018 : https://pubmed.ncbi.nlm.nih.gov/30012580/

59. Adamczyk-Grochala J., Lewinska A., "Nano-Based Theranostic Tools for the Detection and Elimination of Senescent Cells", art. cité.

60. Gutierrez C. N., « Ces apprentis-sorciers en quête de vie éternelle », art. cité.

61. *Idem,* « Des chercheurs créent des moteurs moléculaires pour des bateaux d'ADN », *Sciences et Avenir,* 23/07/2019 :

https://www.sciencesetavenir.fr/fondamental/biologie-cellulaire/des-moteurs-moleculaires-pour-des-bateaux-d-adn_135760

Atteindre l'immortalité… ou presque

1. « *Turritopsis nutricula* », Wikipédia, 2021 : https://fr.wikipedia.org/w/index.php?title=Turritopsis_nutricula&oldid=181340591

2. Alcor : https://www.alcor.org/

3. Bernard P., « La justice britannique donne le droit à une adolescente d'être cryogénisée », *Le Monde,* 18/11/2016 : https://www.lemonde.fr/sante/article/2016/11/18/la-justice-britannique-donne-le-droit-a-une-adolescente-d-etre-cryogenisee_5033525_1651302.html

4. Anav M., Phillips S., Ferrieres-Hoa A., et al., "Cryopreserved embryo replacement is associated with higher birthweight compared with fresh embryo : multicentric sibling embryo cohort study", *Sci Rep,* 16/09/2019 : https://pubmed.ncbi.nlm.nih.gov/31527739/

5. Nectome : https://nectome.com/

6. McIntyre RL., Fahy GM., "Aldehyde-stabilized cryopreservation", *Cryobiology,* 12/2015 : https://pubmed.ncbi.nlm.nih.gov/26408851/

7. Large Mammal BPF Prize Winning Announcement – The Brain Preservation Foundation : https://www.brainpreservation.org/large-mammal-announcement/

8. New Scientist, *Robot with a Rat Brain,* YouTube, 2008 : https://www.youtube.com/watch?v=1-0eZytv6Qk

9. 2045 Initiative : http://2045.com/

10. GF2045 : http://gf2045.com/

11. Russell T., Paul D., Scott-Morgan P., Wright M., Kenefick N., "Thriving, not just surviving, with motor neurone disease. The

outcome of the first pre-emptive 'triple-ostomy'", *Oxf Med Case Re ports,* 25/11/2019 : https://pubmed.ncbi.nlm.nih.gov/31798922/

12. Permobil Powerchair for the incredible Dr Peter Scott-Morgan Scientist diagnosed with MND, John Preston Healthcare Supplies & Services, 01/09/2020 : https://www.johnpreston.co.uk/blog/2020/09/01/permobil-powerchair-for-the-incredible-dr-peter-scott-morgan-scientist-diagnosed-with-motor-neurone-disease/

13. Ray T., "Human meets AI : Intel Labs team pushes at the boundaries of human-machine interaction with deep learning", *ZDNet,* 29/08/2020 : https://www.zdnet.com/article/human-meets-ai-intel-labs-team-pushes-at-the-boundaries-of-human-machine-interaction-with-deep-learning/

Conclusion
L'avènement du post-humain…

1. Pearson I., *Where's IT Going ?,* Thames Hudson, 17/01/2000 : https://www.goodreads.com/work/best_book/1996229-where-s-it-going-prospects-for-tomorrow

2. Shankland S., "Startup Catalog has jammed all 16GB of Wikipedia's text onto DNA strands", *CNET,* 29/06/2019 : https://www.cnet.com/news/startup-packs-all-16gb-wikipedia-onto-dna-strands-demonstrate-new-storage-tech/

3. Koniku® : https://koniku.com/

Remerciements

Cet ouvrage (et tellement d'autres choses) n'aurait jamais été possible sans ma meilleure conseillère, Marina Cartier, qui me montre chaque jour que rien n'est impossible. C'est grâce à toi que j'ai pu changer de voie au bon moment. C'est donc grâce à toi que cette opportunité fabuleuse m'est tombée du ciel. Je voudrais saluer également le courage de mon éditrice, Marion Chatizel, qui a pris le risque de proposer un tel projet à un journaliste scientifique débutant, ce que j'étais il y a un an et demi quand cette aventure a démarré. Merci infiniment d'avoir cru en moi !

Avant d'être journaliste, j'étais chercheur, et sans cette expérience je n'aurais jamais été le journaliste que je suis aujourd'hui. Il est donc impératif de remercier également Christophe Rocher, qui m'a accompagné alors que je faisais mes premiers pas dans le monde académique. Ainsi que

Wang Wang, mon directeur à l'université de Washington, qui m'a appris une méthodologie de travail sans laquelle je n'aurais jamais réussi à finir ce livre à temps. Sans oublier l'ESJ Lille et mes collègues à *Sciences et Avenir*, notamment Olivier, Lise, Vincent et Florence, qui ont su transformer cet ancien chercheur en journaliste scientifique.

Pour finir, je voudrais remercier les personnes les plus importantes de ce livre, les experts, qui m'ont donné leur temps et leurs connaissances pour me permettre d'expliquer des sujets aussi complexes que les animaux chimères et les implants cérébraux. Merci tout d'abord à Kevin Warwick et Ian Pearson, les deux rêveurs qui ont inspiré ce livre. Ainsi qu'à Neil Harbisson, Vance Bergeron et Peter Scott-Morgan, des cyborgs de chair et d'os qui m'ont montré les possibilités actuelles de ces technologies. Merci à Alexandre Moatti et à Theodoros Papaioannou pour m'avoir éclairé sur le transhumanisme. Et à tous ceux qui m'ont aidé à simplifier la complexité technique de ces technologies : Rosario Sanchez Pernaute, Oskar Aszmann, Aleksandra Kawala-Sterniuk, Nicolas Rougier, Chiranjib Chakraborty, Pieter Roelfsema, Jun Wu, Arnold Kriegstein, Robert Hampson, Alejandro Aguilera, Hendrik Dietz, Samir Hamamah, Raj Aravalli, Walter Low, Fabio Recchia et Jan Vigj. Et merci également aux bioéthiciens Françoise Baylis, Jean-Gabriel Ganascia, Renzong Qiu, Evie Kendal et Teresa Baron pour élucider sans ambiguïté les questionnements éthiques que ces technologies posent.

Table des matières

Deuxième partie
Optimiser les prochaines générations

Troisième partie
Vaincre la vieillesse et atteindre l'immortalité

pca
cmb
édition pré-presse
livres numériques

44400 Rezé

Achevé d'imprimer en septembre 2021
sur les presses de la Nouvelle Imprimerie Laballery
58500 Clamecy
Dépôt légal : septembre 2021
N° d'impression : 108595
N° d'édition : MAGSI20201070

Imprimé en France

La Nouvelle Imprimerie Laballery est titulaire de la marque Imprim'Vert®